U0245016

A Genealogy of Industrial Design in China: Overview

工业设计中国之路

概论卷

沈 榆 著

大连理工大学出版社

图书在版编目(CIP)数据

工业设计中国之路. 概论卷 / 沈榆著. —大连：
大连理工大学出版社，2017.6
ISBN 978-7-5685-0740-0

Ⅰ. ①工… Ⅱ. ①沈… Ⅲ. ①工业设计—中国 Ⅳ.
①TB47

中国版本图书馆CIP数据核字（2017）第052372号

出版发行：大连理工大学出版社
（地址：大连市软件园路80号 邮编：116023）
印 刷：上海利丰雅高印刷有限公司
幅面尺寸：185mm × 260mm
印 张：15
插 页：4
字 数：346千字
出版时间：2017年6月第1版
印刷时间：2017年6月第1次印刷
策 划：袁 斌
编辑统筹：初 蕾
责任编辑：张 泓
责任校对：仲 仁
封面设计：温广强

ISBN 978-7-5685-0740-0
定 价：238.00元

电 话：0411-84708842
传 真：0411-84701466
邮 购：0411-84708943
E-mail：jzkf@dutp.cn
URL：http://dutp.dlut.edu.cn

本书如有印装质量问题，请与我社发行部联系更换。

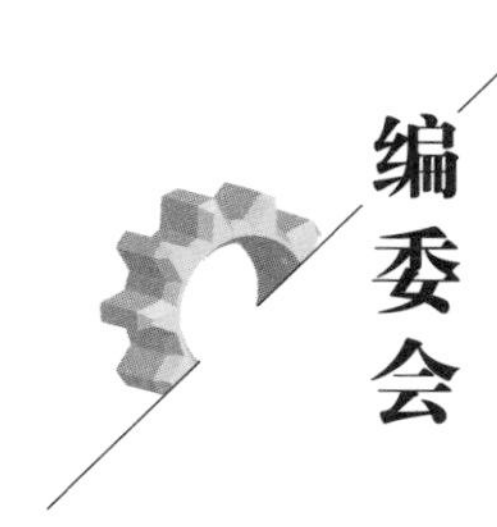

“工业设计中国之路” 编委会

主　　编： 魏劭农

学术顾问： （按姓氏笔画排序）

王受之　方晓风　许　平　李立新　何人可
张福昌　郑时龄　柳冠中　娄永琪　钱旭红

编　　委：（按姓氏笔画排序）

马春东　王庆斌　王海宁　井春英　石振宇
叶振华　老柏强　刘小康　汤重熹　杨向东
肖　宁　吴　翔　吴新尧　吴静芳　何晓佑
余隋怀　宋慰祖　张　展　张国新　张凌浩
陈　江　陈冬亮　范凯熹　周宁昌　冼　燃
宗明明　赵卫国　姜　慧　桂元龙　顾传熙
黄海滔　梁　永　梁志亮　韩冬梅　鲁晓波
童慧明　廖志文　潘鲁生　瞿　上

工业设计中国之路　概论卷

工业设计中国之路　电子与信息产品卷

工业设计中国之路　交通工具卷

工业设计中国之路　轻工卷（一）

工业设计中国之路　轻工卷（二）

工业设计中国之路　轻工卷（三）

工业设计中国之路　轻工卷（四）

工业设计中国之路　重工业装备产品卷

工业设计中国之路　理论探索卷

总序

面对西方工业设计史研究已经取得的丰硕成果，中国学者有两种选择：其一是通过不同层次的诠释，使其成为我们理解其工业设计知识体系的启发性手段，毋庸置疑，近年中国学者对西方工业设计史的研究倾注了大量的精力，出版了许多有价值的著作，取得了令人鼓舞的成果；其二是借鉴西方工业设计史研究的方法，建构中国自己的工业设计史研究学术框架，通过交叉对比发现两者的相互关系以及差异。这方面研究的进展不容乐观，虽然也有不少论文、著作涉及这方面的内容，但总体来看仍然在中国工业设计史的边缘徘徊。或许是原始文献资料欠缺的原因，或许是工业设计涉及的影响因素太多，以研究者现有的知识尚不能够有效把握的原因，总之，关于中国工业设计史的研究长期以来一直处于缺位状态。这种状态与当代高速发展的中国工业设计的现实需求严重不符。

历经漫长的等待，“工业设计中国之路”丛书终于问世，从此中国工业设计拥有了相对比较完整的历史文献资料。丛书基于中国百年现代化发展的背景，叙述工业设计在中国萌芽、发生、发展的历程以及在各个历史阶段回应时代需求的特征。其框架构想宏大且具有很强的现实感，内容涉及中国工业设计发展概论、轻工业产品、交通工具产品、重工业装备产品、电子与信息产品、工业设计理论探索等，共计9卷，其意图是在由研究者构建的宏观整体框架内，通过对各行业代表性的工业产品及其相关体系进行深入细致的梳理，勾勒出中国工业设计整体发展的清晰轮廓。

要完成这样的工作，研究者的难点首先在于要掌握大量的一手的原始文献，但是中国工业设计的文献资料长期以来疏于整理，基本上处于碎片化状态，要形成完整的史料，就必须经历艰苦的史料收集、整理和比对的过程。丛书的作者们历经十余年的积累，在各个行业的资料收集、整理以及相关当事人口述历史方面展开了扎实的工作，其工作状态一如历史学家傅斯年所述："上穷碧落下黄泉，动手动脚找东西。"他们义无反顾、凤凰涅槃的执着精神实在令人敬佩。然而，除了鲜活的史料以外，中国工业设计史写作一定是需要研究者的观念作为支撑的，否则非常容易沦为中国工业设计人物、事件的"点名簿"，这不是中国工业设计历史研究的终极目标。丛书的作者们以发现影响中国工业设计发展的各种要素以及相互关系为逻辑起点并且将其贯穿研究与写作的始终，从理论和实践两个方面来考察中国应用工业设计的能力，发掘了大量曾经被湮没的设计事实，贯通了工程技术与工业设计、经济发展与意识形态、设计师观念与社会需求等诸多领域，不将彼此视作非此即彼的对立，而是视为有差异的统一。

在具体的研究方法上，丛书的作者们避免了在狭隘的技术领域和个别精英思想方面做纯粹考据的做法，而是采用"谱系"的方法，关注各种微观的事实，并努力使之形成因果关系，因而发现了许多令人惊异的新的知识点。这在避免中国工业设计史宏大叙事的同时形成了有价值的研究范式，这种成果的产生不是一种由学术生产的客观知识，而是对中国工业设计的深刻反思，保持了清醒的理论意识和强烈的现实关怀。为此，作者们一直不间断地阅读建筑学、社会学、历史学、技术史、工程哲学乃至科学哲学方面的著作，与各方面的专家也保持着密切的交流和互动。研究范式的改变决定了"工业设计中国之路"丛书不是单纯意义上的历史资料汇编，而是一部独具历史文化价值的珍贵文献，也是在中国工业设计研究的漫长道路上一部里程碑式的著作。

工业设计诞生于工业社会的萌发和进程中，是在社会大分工、大生产机制下对资源、技术、市场、环境、价值、社会、文化等要素进行整合、协调、修正的活动，并可以通过协调各分支领域、产业链以及各利益集团的诉求形成解决方案。

伴随着中国工业化的起步，设计的理论、实践、机制和知识也应该作为中国设计发展的见证，更何况任何社会现象的产生、发展都不是孤立的。这个世界是一个整体，一个牵一丝动全局的系统。研究历史当然要从不同角度、不同专业入手，而当这些时空（上下、左右、前后）的研究成果融合在一起时，自然会让人类这种不仅有五官、体感，而且有大脑、良知的灵魂觉悟，这个社会发展的动力还带有本质的观念显现。这也可以证明意识对存在的能动力，时常还是巨大的。所以，解析历史不能仅从某一支流溯源，还要梳理历史长河流经的峡谷、高原、险滩、沼泽、三角洲乃至大海海床的沉积物和地层剖面……

近年来，随着新的工业技术、科学思想、市场经济等要素的进一步完善，工业设计已经被提升到知识和资源整合、产业创新、社会管理创新乃至探索人类未来生活方式的高度。

2015 年 5 月 8 日，国务院发布了《中国制造 2025》文件，全面部署推进由“中国制造”到“中国创造”的战略任务，在中国经济结构转型升级、供给侧改革、提升电子生活质量的过程中，工业设计面临着新的机遇。中国工业设计的实践将根据中国制造战略的具体内容，以工业设计为中国“发展质量好、产业链国际主导地位突出的制造业”的支撑要素，伴随着工业化、信息化“两化融合”的指导方针，秉承绿色发展的理念，为在 2025 年中国迈入世界制造强国的行列而努力。中国工业设计史研究正是基于这种需求而变得更加具有现实意义，未来中国工业设计的发展不仅需要国际前沿知识的支撑，也需要来自自身历史深处知识的支持。

我们被允许探索，却不应苟同浮躁现实，而应坚持用灵魂深处的责任、热情，以崭新的平台，构筑中国的工业设计观念、理论、机制，建设、净化、凝练“产业创新”的分享型服务生态系统，升华中国工业设计之路，以助力实现中华民族复兴的梦想。

理想如海，担当作舟，方知海之宽阔；理想如山，使命为径，循径登山，方知山之高大！

柳冠中

2016年12月

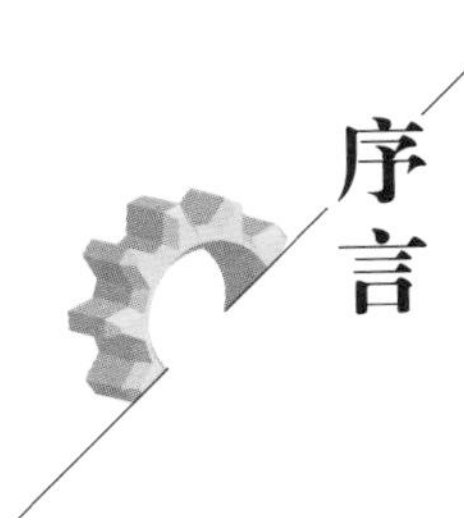

序言

无法预知未来是人的一大局限，但不能克制人的想象与追索。如果在林中行走，迷路时大多数人的选择都是检视来路，因为知道了从哪里来，想象能到哪里去相对容易一些。希腊神话中，让雅典王子忒修斯走出迷宫的是一团显示踪迹的线。历史的书写便是希望留下这么一团线。现实中，我们对于前方的目的地毫无概念，甚或不知所往，这不是迷路而是混沌。俏皮的民间话语是：脚踩西瓜皮，滑到哪里算哪里。线团是针对一个具体空间的有效策略，而历史的书写，首先需要我们去界定或构造一个话语与经验的空间。

在没有“设计”这一概念时，自然不会有设计史，也不会有人费心去留下线团——设计史的线索。设计是一门较为晚近的学科，设计史的书写就更不成熟了。但我们仍然不得不佩服前人所做的努力，他们快速地构建了设计史的视域和方法论，形成了一种话语空间。虽时间不长，但林林总总的设计史已是既有规模又有内容。一方面，这是值得庆幸的事情；另一方面，这又是值得怀疑的事情。后发优势的一个基本前提就是模仿，设计史的书写在很大程度上是模仿艺术史和建筑史。

西方设计史学科的开创性人物佩夫斯纳的代表作《现代运动的先驱者：从威廉·莫里斯到沃尔特·格罗皮乌斯》，从标题即可看出是英雄史观的产物，这一方式的好处是可以快速建立易于认知的历史框架，但缺点也是显而易见的。与英雄史观相关联的方法论必然是历史决定论和风格分析法，随着对设计的历史材料的深入理解和梳理，设计这门学科的复杂性和独特性日益显现。在阿德里安·福蒂所著的《欲望的对象物：1750 年以来的设计与社会》一书中，甚至回避以设计师为中心的论述，因为他认为设计更多的是思想和需求物化的产物，“凸显设计如何将世界观和社会关系转变为物质形态产品。只有通过这个过程，并将我们的注意力从设计师身上转移开来，才能正确理解什么是设计……”与设计关联的是更为广阔的社会、政治、经济和科学技术的背景，不将文化研究的理论与方法引入设计史研究，则无法还原真实的造物世界。

相比于西方设计史研究，中国设计史研究的历史更短，所积累的成果十分有限。虽然有后发优势一说，但在实践过程中，补课的阶段似乎仍不可逾越。总体而言，中国设计史研究表现出与西方设计史研究不一样的路径。一方面，我们的工业化程度较低，设计史研究的兴奋点很大程度上是传统工艺美术史研究的延续，这自然是现实的一个反映，但这样的研究很难对学科产生有力的推动；另一方面，中国的大量产品参考西方的产品，使得本土的设计研究被轻视或忽略。过往的研究往往集中于民国时期的成果，涉及品牌、广告、装饰居多，工业产品鲜有涉及。有部分学者认为 1949 年至改革开放前，中国只存在工艺美术和实用美术，工业设计则是 20 世纪 20 年代中期由欧美、日本传入的，这显然是过于狭隘的一种认识。

然而，随着“工业设计中国之路”丛书之《概论卷》的面世，上述现象将在很大程度上得到改善。早已听说沈榆先生在研究中国工业设计史，做了许多开创性的基础工作，后来在上海的工业设计博物馆中有幸聆听沈榆先生饱含感情、如数家珍地一一讲解藏品背后的故事，则感慨颇多：终于非常及时地出现了这么一位有心人——收集了大量的资料（其中有相当部分可以说是抢救性的），并进行系统的梳理和深入的研究，只有在这些非常扎实的基础工作之上，才可能真正建构中国工业设计的历史话语空间，研究的有效性才能得以保证。

《概论卷》内容涉及面广，时间跨度完整：研究对象除中国大陆地区外，亦涉及中国香港、中国台湾地区；产业范围包括了重工业和轻工业两大领域，研究从社会历史背景、重要政策、产业总体情况、具体产品、设计教育等多个角度切入。尤为重要的是，基于中国工业设计发展的特殊性，全书抓住了内生性和国际性这一对矛盾，通过双重线索展开论述，既有技术转移的路径，也有设计观念的影响，在每一个篇章中都有体现，这对于全面认识中国工业设计的发展历程是大有助益的。

作者在书中建构了中国工业设计史的研究框架，给出明确的发展阶段的时代划分，初始阶段（19 世纪 60 年代到 20 世纪 50 年代）、主要发展期（20 世纪 50 年代至 80 年代）和高速发展期（20 世纪 80 年代至今）。结合历史分期，本书提出了产品链、产品丛、产品层这三个既分又合的概念，以此勾勒出工业设计在中国的发展脉络——设计从“隐性”因素渐渐成为产业升级的利器。

初始阶段的产品链概念：每件工业产品都是一环，不同产品形成环环相扣的结构，串联起来形成互相支撑、互为前提的工业产品链。产品链涉及工业装备、军事产品及民用产品等各个方面。从形态看，这一时期的工业设计工作是“隐性”的，都融合在每一件产品的具体创造过程中。因为，消化技术和优化产品仍是这个时期中国工业设计的主要任务。

主要发展期的产品丛概念：有许多件同类产品，除了品牌标识不同以外，其他功能及样式都相同，仔细看才能看出其略有差异。造成这种情况的原因之一是计划经济的方式；原因之二在于全国技术水平参差不齐，尚处于工业产品短缺的时代，复制样板产品是提高技术水平的一种直接和必要的方式。20 世纪 70 年代进入中国工业产品的成熟期，具备使用价值与感性价值双重维度；到了 20 世纪 70 年代末，中国的工业产品已经具备了完整的价值。

高速发展期的产品层概念：产品分层对应市场需求的结构，高端产品打造品牌，在国内外市场占据优势；中端产品最能获取利润；低端产品单件利润虽低，但消费人群大，能维持品牌份额。这个时期的生产特征是关注经济效益，考虑市场调查、产品定位、产品造型、技术整合、生产制造、销售渠道、品牌贡献等诸多问题。独立的工业设计公司的出现，意味着中国设计步入“自立”期。中国工业生产进入产品层时代，产品升级成为永恒的话题，标志着工业设计已经是企业创新发展的重要手段。

作者对于中国工业设计的这种分期判断和产品形态的概览式归纳十分独特，对于我们理解中国工业设计发展历程的特殊性不无启发。中国作为在这个领域的后发国家，既不能亦步亦趋地把先发国家走过的路照走一遍，也没有清晰的蓝图可以另辟蹊径，很大程度上只能在实践中边走边学，如同“摸着石头过河”。相较而言，理论的引进较易引起关注，改革开放后，国家派遣至日本、德国学习工业设计的院校专家首先带回了成熟的工业设计理论，成为中国工业设计“理论智慧”的基础。再加上中国香港、中国台湾地区工业设计的成功经验，以及对欧洲工业设计史论的研究构成了一种显性知识。本书的另一大贡献是“实践智慧”观点的提出。“实践智慧”是一种有限性智慧，即在有相当多限制的条件下，以解决当时、当地的特定问题为目标。中国工业初创时期，在没有形成工业产品链的情况下，用这种方法应对某个需要立即投产的产品是有效的。“实践智慧”也是我们研究中国工业设计不可忽视的一笔宝贵财富。

本书较为全面地考察了自清末至当前的中国设计史，尤其对于1949年之后的历史梳理，建立在确切史料的基础上，提出了有说服力的分析和总结，其意义必将在今后的设计研究和产业实践中得到彰显。以中国百年工业及其设计思想与实践为主线的研究，将自清末以来的历史作为一个整体来看待，不以政治史的变动为分界，令人耳目一新，又能站得住脚，有利于我们相对冷静地看待我们走过的路。在这份冷静中，我们或许能更好地吸取前人的智慧与经验，同时，更好地理解自身，理解中国设计发展的规律。

最后，祝贺“工业设计中国之路”丛书的出版。寻找设计史的路并未终止，设计如此复杂，远非一本著作可以毕其功于一役，期待着中国设计史的研究找到自己的范式，期待更多研究成果的问世。

方晓风
2016年5月

目录

第四篇　“产品层”结构时代中国工业设计的价值

导论

第一节
百年中国工业设计历史整合研究的必要性

中国工业设计史的研究是"求真"的过程,但更是"求解"的手段。就工业设计而言,基于中国百年工业化的进程,对中国工业设计史的研究不仅是追问因果关系的需要,更重要的是通过对这段历史的整合研究,发现中国工业设计的特色以及影响中国工业设计发展的诸多要素,建构中国的工业设计史研究框架,揭示在历史表象下内在的、深层次的意义,进而发现、发掘其对当代工业设计发展的作用。诚然,这种研究工作的展开需要理论上的自觉和主体上的自觉,因为我们的目标不仅是面向过去事实的认同,更是面向未来的建构性认同。

19 世纪 60 年代,以洋务运动为标志,中国出现了第一次工业化浪潮。清末至民国时期有过若干次工业化的高潮,但其思想和产业能级较低,基本上跟随了西方工业化的思想和足迹。1949 年中华人民共和国成立后开始了大规模、较长时期的工业化建设工作,形成了比较独特的工业化理论体系,展开了丰富的实践活动,其中有曲折,更有成就。[1] 改革开放以来,中国经济迅速发展,当代经济理论研究气氛空前活跃,为中国工业化思想带来了新的方法和理论体系,有效地指导了中国工业化的实践。可以认为,中国工业化发展经历了三个阶段,即 19 世纪 60 年代至 20 世纪中期,可称作初始阶段;第二阶段为 20 世纪 50 年代至 20 世纪 80 年代,为主要发展阶段;20 世纪 80 年代以后进入了高速发展阶段。

中国工业化的过程带来中国的现代化,所谓现代化正如德国社会学家马克思·韦

---

[1] 赵晓雷:《中国工业化思想及发展战略研究》,上海财经大学出版社,2010 年。

伯所言，“现代化”主要是一种心理态度、价值观和生活方式的改变过程。[1] 然而，科学和技术本身不能直接改变价值观和生活方式，只有将科学和技术通过工业设计转化成工业产品才能造福人类。而工业设计就是综合运用科学、技术成果和社会、经济、文化、美学等知识，对工业产品的功能、结构形态及包装进行整合优化的活动。为了保证其功能的发挥，必须建立相应的机制，构建相应的要素，使之成为一个系统。通过研究找到影响中国工业设计发展的各种要素，尤其是发现中国工业设计发展各个阶段的“内生性”要素，对于当代中国加速推进新型工业化进程无疑具有重大意义。中国工业设计发展的“内生性”要素的源头在民国初期，如果再向前推移会遇到事实和理论上的障碍，但不可否认的是清代种种工业化的探索为之奠定了基础，所以我们将研究的起点定在清代。中国工业设计的发展还受到“国际性”要素的影响，特别是国际工业技术向中国转移的影响及由此带来的对工业设计理念的影响。

从现有文献来看，一部分学者集中研究的是民国时期的成果，涉及品牌、广告、装饰居多；另一部分学者则认为 1949 年至改革开放前中国只存在“工艺美术”和“实用美术”，工业设计则是 20 世纪 80 年代中期由欧美一些国家及日本传入。两者都忽略了连接这两段历史的 40 余年间所发生的事实，而这种缺失会影响对中国工业设计的客观认识，甚至会减弱未来中国工业设计的影响力。

客观考察前一类学者的研究成果，应该还是具有相当收获的，“重事实、重考据、重史实”和“重阐释、重义理、重史识”成了他们的研究价值取向，研究内容散而不乱，可以认为是“散点式”的研究方式。后一类学者醉心介绍欧美的工业设计理念和方法，这对于当下中国而言仍十分必要；但从其研究的角度而言，片段的事实罗列居多，缺少因果关系分析和方法论，所以无法从根本上发现工业设计的真正价值，反而会把未来的中国工业设计引入误区。

早在 20 世纪 80 年代初，中国现代文学史研究者就率先提出了“20 世纪中国文学”和“中国新文学整体观”的概念，“试图打破文学史研究中的人为分界，把文学视为一个整体来给予重新界定”。复旦大学教授陈思和指出，“20 世纪以来，中国文

[1] 赵晓雷：《中国工业化思想及发展战略研究》，上海财经大学出版社，2010 年。

学在时间上、空间上都构成了一个开放的整体。唯其是一个有机整体，它所发展的各个时期的现象，都在前一阶段的文学中存在着因，又为后一阶段的文学孕育了果。”这种研究方式值得我们借鉴。

正是上述研究者的开拓，使得我们的研究具有了更广阔的空间。法国年鉴学派历史学家从总体史观念出发，主张研究大时空尺度的历史现象和深层结构，认为只有如此才能对历史做出合理可信的解释。马克·布洛赫甚至断言，“历史研究不容画地为牢，唯有总体的历史才是真历史。”布罗代尔强调说：“对历史学家来说，接受长时段意味着改变作风、立场和思考方法，用新的观点去认识社会。”[1] 他认为长时段现象而不是短时段的某些事件构成了历史的深层结构，只有借助长时段观点研究长时段历史现象，才能从根本上把握历史。

在如今欧美工业设计话语占据主导地位的情况下，唯有先通过实证研究建构长时段的史迹，连接与之相关的背景资料，才能摆脱简单地争论中国“有”还是“没有”工业设计这个问题。当然我们并不只是简单地用中国工业发展史、中国经济发展史和中国社会发展史等内容填充、替代中国工业设计史，但这些资料的运用能够为考察中国工业设计史增加一个新的维度，并打开另外一扇阐述之窗，而西方新史学注重宏观历史建构和阐释的总体史观为我们提供了新的思路。中国的先哲们早有断言“温故而知新”，而意大利的哲学家克罗齐则认为，“一切历史都是当代史，一切对过去历史的探究无不指向当下现实的存在”。由此可见，百年中国工业设计史整合研究的意义。

[1] ［法］费尔布·布罗代尔：《菲利普二世时代的地中海和地中海世界》第二卷。转引自张正明：《年鉴学派史学范式研究》，黑龙江大学出版社，中央编译出版社，2011 年。

第二节　中国工业设计的分期及其特色

中国工业设计的历史分期包括外延和内涵两部分。外延是指从时间上看这一历史时期的起讫时间，内涵则指这一历史时期与其他历史时期本质上的区别和差异。历史的分期工作不是简单的切分年代，而是对历史认识不断深化的过程。[1] 本着这样的目的，长时段的历史研究方法并不是造就一部宏大的中国工业设计史，相反我们力图发掘一些微观的细节，秉承“微观改变历史”的宗旨，将研究的触角延伸至工业设计的各个方面，并试图将这些资料提供给同行做进一步研究之用。

从本书的内容上来看，导论部分主要表述了完整研究中国工业设计史的意义。本书第一章主要介绍清代洋务运动对中国工业化所做的努力，力图从实业创建、人才培养、科技普及和经济立法四个方面进行描述，而这四个方面的内容对以后中国工业的发展而言是一个基础。第二章主要介绍民国时期在继承发展清代工业化思想，特别是在与欧美国家的交流中发展工业的作为以及遭遇的障碍，从中可以看到国际工业设计思想对中国工业发展的深刻影响，但中国工业设计还处于“自生”期。这两章主要介绍中国工业化初始阶段，工业设计思想由滋生到初步觉醒。第三章至第八章是本书的重点。第三章主要讲述1949年以后，在新的工业化理论和经济政策的指导下，面对重点工业产品快速实现从无到有的突破，尚处于“自发”期的中国工业设计思想在新一轮工业化建设中的作用。第四章主要介绍20世纪60年代中国工业设计逐步从思想到实践的过程。随着中国工业产品链的延长，工业设计从其他设计中相对明确地分离出来，其任务、对象和手段也进一步得到明确。中国工业设计发展由此进入“自主”期。第五章主要介绍在20世纪70年代以后，中国工业设计

[1]　邓庆坦：《中国近、现代建筑历史整合研究论纲》，中国建筑工业出版社，2008年。

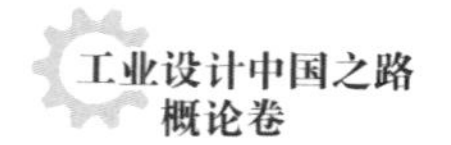

进入“自觉”期，面对业已形成的“工业产品”，考察其对产业及人民生活的影响。第六章主要介绍20世纪80年代在国家计划经济与市场调节思想的指导下，着重在轻工业领域旗帜鲜明地应用工业设计提升产品品质，获取经济效益，回归市场的实践。同时介绍了进入“自新”期的中国工业设计，在自我反思的基础上整合“实践智慧”“理论智慧”的过程。第七章主要介绍20世纪90年代，中国进一步融入国际贸易体系，在以电子工业为重点的发展战略指导下，以独立的工业设计服务体系的诞生和成熟为标志，中国工业设计进入“自立”期，并面对已经形成的中国工业产品层助力中国产业高速发展的情况。第八章以21世纪以来，中国工业设计融合各行业，发挥巨大作用的事实为背景，介绍进入“自强”期的中国工业设计与国际工业设计同步发展和互动所呈现的多元化面貌。第九章则主要通过归纳总结各个历史时间段中国工业设计思潮的表现，将中国工业设计的作为、中国工业设计的产业化特征进行梳理和概括表述，使导论所表达的内容更加清晰化。

可以发现，在长达百年的中国工业及其设计思想和实践发展过程中，工业设计的思想和实践的延续性是本质，非延续性是表象。过度歌颂1949年之前中国工业设计的成果和否定1949年以来中国工业设计的实践的想法都是被一些表面现象所迷惑的结果。

第三节　国际工业设计史和中国工业设计史双重阅读的价值

对于国际工业设计史研究而言，国外有丰富的专著、论文，近年来通过引进、交流，已经为国内学术界和行业所熟知，加之国外的专业博物馆有十分丰富的藏品，可以为学者的专题研究提供资料。中国美术学院已着手建造美术馆·设计馆，并且已经从欧洲购买了数目相当可观的工业产品作为展品。最近几年通过国内出版社的版权引进和高等院校专家的努力，国内已出版发行了一批能够反映国际工业设计发展历程的专著和论文，并且通过日益频繁的国际设计交流、考察和专题研讨，形成了良好的资料基础与学术氛围。

中国工业设计史研究尚处在起步的状态，从事这方面研究的专家数量有限，研究专著、论文比较少。近年来虽然在宏观上都认为有必要对中国工业设计史做系统的研究，但在付诸实施时都碰到了巨大的困难。首先，中国工业设计史的资料不像欧美国家、日本、韩国那样齐全，而是呈“碎片”状态，留存的文字、图片和影像资料少之又少。其次，由于在较短的时间内产生了重大的经济形态的变革，人们还来不及悉心收藏工业设计的“遗产”，使得很多中国工业设计史上的珍贵实物流失，对建立中国工业设计资料库是一个严重的打击。最后，行业一直没有形成良好的研究思想和方法，不愿花工夫做“田野调查”。历史学家傅斯年曾描述历史研究要“上穷碧落下黄泉，动手动脚找东西”，“东西”是指“实物、文字、影像”三位一体的资料。有了这些资料，再加上设计事件亲历者的口述，才能“还原”中国工业设计的面貌。

中国工业设计事业的发展要求我们不能无视我国的工业设计史，在当代东西方国际工业设计交流活动中不能反复咀嚼别人的设计文化。但中国工业设计的发展历程与国际工业设计的发展历程是无法割裂的，如果我们能够正确找到两者之间的关联点，就能更好地理解两者之间的互动关系，还能够深入地观察影响两者发展的诸多要素，并且进行有效的比较。我们强调的是“比较”，不是“复制”。事实上欧美工业设计的成果有其形成的特定因素，因而不具备普世的价值，认为只要按照欧美的经验发展中国工业设计就能达到理想目标的观点，只是一种乌托邦式的想象。“比较”是一种启迪性的行为，它力图发现新的、更好的、更有趣的和更有建设性的成果。这种给人以启迪性的努力表现为不同文化、不同历史时期之间来回穿梭式的诠释行为，它可以是思考新目标、新概念与新原理的诗意行为，也可以根据不为人熟悉的方式重新诠释周围熟悉的环境。[1] 国际工业设计史与中国工业设计史双重阅读的价值

[1] 邹晖：《碎片与比照——比较建筑学的双重话语》，商务印书馆，2012 年。

就在于此。

在中国工业设计史研究的现实意义思考方面，我们主张历史研究要与现实统一，不能人为地分割过去和现在，过去的历史资源应转化为现实的产业发展资源，在现实设计实践中也有丰富的成功案例。大众汽车生产的甲壳虫汽车是德国20世纪30年代出现的一款民用汽车产品，意在满足德国普通家庭的生活所需，重在满足使用功能，由于其合理的功能和低廉的售价而被大量生产。21世纪的德国设计师对其进行了重新设计，更新了技术，增加了时尚要素，改变了暗色调的车体。时至今日，甲壳虫汽车已变成德国工业符号而推动着大众品牌产品的销售，这个独一无二的工业遗产经过新设计实现了历史资源向产业发展资源的华丽转身，续写了产品的魅力。诚然，历史资源转化为现实的产业发展资源这一问题不是仅通过书本就可以解决的，但却提示我们：溯源中国工业设计的历史不是怀旧，而是期待超越。

第一篇

中国工业的起步与工业设计的『内生性』萌芽

第一章
晚清时期中国工业化的起步

洋务运动是中国工业化的起点，以制造“机器”为目标，进而改变中国发展的历程。从制造结果来看，这些被认为是“机器”的工业产品，没有一样是过去中国传统生产过程逐步提高、改进而来的结果，几乎都是采用了新材料、新能源，尤其是将科学知识应用于工业生产的结果。

晚清工业化的主要成果不是增加和改进现有产品，而是推出新的产品。从工业化发展相关要素构建方面来看，“设计机器”的思想也在这个过程中应运而生，并通过不懈的努力走向成熟，而作为设计机器主体的人才也通过各种途径得以培养。最值得关注的是随之而来的，与工业化社会发展相配套的各种要素，也在仁人志士的努力下被逐步构建。其中值得一提的是晚清新政下经济法律制度的初建。

从思想意识变化方面看，晚清的知识分子及倡导洋务的官员通过审视、思考和比较完成了由技术引进到东西方思想兼容的转化过程。因此我们将晚清工业化历程作为研究的起点。虽然这个时期的具体事件在众多的论著中都有描述，但从中国工业设计历史的角度去研究并关注这段历史的价值，不在于具体事件的起始和描述，而是考察由这些事件构成的整体环境对中国工业发展所产生的影响。

第一节　洋务运动：近代工业的初步尝试

如果说17世纪至18世纪中国与西方的交流是输出与引进双向的话，那么到19世纪以后这种交流几乎就是单向的引进，并且这种引进是在炮火中展开的。

西方的外来思想逐渐蔓延到当时社会的各个角落，而统治阶层则采取强烈的抵触方式来应对这种外来思想，两种思想在早中期的清代社会中既相互交流又相互抗争。“用”和“玩”是生活中最易发生变化的两大领域，明末由传教士首先带到中国的时钟受到各个阶层的广泛欢迎。人们很快接受了机械时钟，并有人开始仿制，出现了家庭制钟作坊，康熙时期还建立了皇家制钟工场。但这只是为中国人提供了一种新奇的玩物而已，况且这种西方用物为玩的观念，也无益于中国科学技术的发展。

在此以前，清代的中国社会拥有与自身的生产和生活方式相适应的一整套传统的工艺技术。纵观中国古代历史的进程，传统造物设计的发展基本上是正常和健康的，虽然在某些时期出现了过于繁缛的趣味，但是从大历史的角度来看，它与当时生产力的发展相适应，表现为节制的和实在的品格。然而，在西方工业文明通过殖民方式入侵之后，中国在农耕社会形态下展开的这种群体对艺术生活的追求解体。鸦片战争后，在列强坚船利炮的刺激下，一部分中国人开始了积极的探索，但以“师夷长技以制夷”为口号的“洋务运动”和后来的以“变法图强”为目的的“戊戌变法”均以失败告终。

出身于没落地主官僚家庭的魏源，中年以后长期在当时经济比较发达的江浙地区担任幕僚和中下级地方官吏，较多地接触了社会实际问题。鸦片战争后，魏源的思想有了重要的发展，他接受并发展了林则徐的思想，主张由学习西方的军事工业技术开始，进而制造某些非军用的新式工业产品，发展民用工业。魏源始终坚持奇

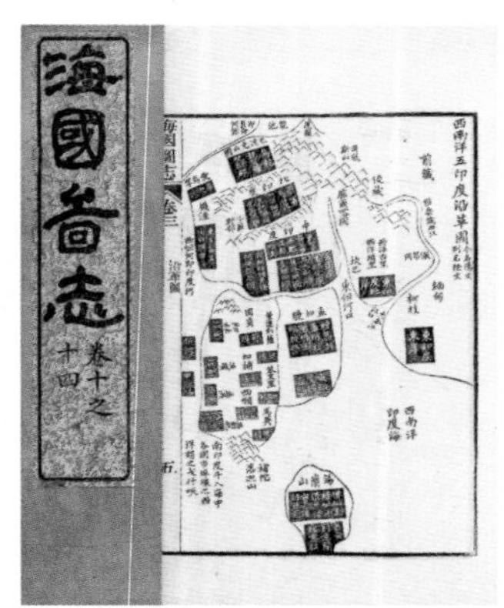

图 1–1　清末著名战略家、思想家魏源与其巨著《海国图志》

技非淫巧的观点，认为西方的机械等发明均可造福于民，强调了向西方学习以增强国力的重要性。林则徐曾专门组织翻译英国人穆瑞所著的《世界地理大全》，并编辑成《四洲志》，后将相关资料及抄本交给魏源。1842 年，魏源编著的《海国图志》50卷（后增补至60卷）出版，更明确地主张“经世致用”的观点，并呼吁“师夷长技”，“以彼长技，御彼长技”，达到“以夷攻夷”的目的。该书用大量篇幅对各国历史、地理、政情、风俗进行介绍，还有各种船、炮及枪械的制造图说及中西历法、纪年对照表，为开拓国人眼界提供了直观的材料。

“师夷长技以制夷”的主张最能代表魏源向西方学习的思想。他认为，要抵御外侮，必须先“洞悉夷情”，了解世界，承认西方国家有值得中国学习的“长技”。他指出：“夷长技三：一、战舰，二、火器，三、养兵、练兵之法。”在《筹海篇三·议战》中，他建议在广东虎门的沙角和大角两处设造船厂和火器局，请美国和法国的工匠技师教造船只、炮械及行船、演炮之法，同时选送福建、广东两省的工匠和士兵学习西方的铸造、驾驶、作战等技术。通过向外国人学习的方法使中国人逐渐掌握造船等技术。他还建议广译西书，改革科举考试制度，培养新式人才。他期待这样可以使西方“长技”尽为中国所得。魏源提出的“师夷长技以制夷”的观点，在思想文化界产生了长远的影响。

社会危机激发了有志之士的救世思想，促成了“经世致用”思潮的兴起。所谓“经世致用”是指为学应求真务实，关心国计民生，致力于社会变革，它将学术研究变成了“实学”，开启了中国工业化的大门。

当曾国藩、左宗棠、李鸿章、丁日昌、沈葆桢等开明的官僚士大夫作为洋务派主要政治力量登上历史舞台以后，中国的工业化进程得到了有力的推进，造“机器”的理想也变得更加具体。

1862 年春天，当李鸿章踏上上海土地时，租界里已有英国人杜拉普经营的新船坞，莫海德经营的董家渡船坞，霍金斯开设的祥安顺船厂，包义德开办的祥生船厂和美商开办的旗记铁厂等几家修船企业。虽说这些船厂设备简陋，规模较小，但黄浦江中停泊的外国轮船给李鸿章留下了深刻的印象。李鸿章的长江之行，本身就是一种很好的体验。他应邀参观了英法军舰后，感慨外国人大炮之精纯、子药之细巧、器械之鲜明，决心虚心忍辱，学得西人一二秘法。不过他尚无经验，对于学习西方还没有一个具体的设想。[1]

中国最早开始研制轮船的人是徐寿和华蘅芳。1862 年 4 月，徐寿等奉命试造轮船，由于缺乏资料和加工设备，再加上毫无经验，因此困难重重。在此之前，魏源在《海国图志》中刊载过火轮船的介绍，郑复光撰写过《火轮船图说》，但与实际造船和制作蒸汽机距离非常之大。徐寿、华蘅芳决定从试制蒸汽机模型着手。经过三个多月的努力，中国第一台蒸汽机诞生了。它的汽锅用锌类合金制造，汽缸直径 5.67 cm，引擎转速 240 r/min。1862 年 7 月 30 日，曾国藩饶有兴致地观看了蒸汽机试车。

在此基础上，徐寿、华蘅芳开始试制一条小比例的木壳轮船。船长 1 m，暗轮。从长度分析是条自航船模。其动力就是那台蒸汽机模型。然后他们着手制作真正的轮船。造真船要比造模型困难得多。他们没有见过轮船动力设备的运转情况，就到长江边远远观察外国轮船的行驶；缺乏造船资料，就充分吸收我国传统造船的各种合理要素。1855 年由墨海书馆出版的《博物新编》附有轮船略图，他们反复钻研、日夜凝思。华蘅芳主要负责设计和计算，制造轮船和蒸汽机则由徐寿主持。

1865 年，第一艘有实用价值的蒸汽轮船“黄鹄”号建造成功。此船排水量

[1] 姜鸣：《龙旗飘扬的舰队》，生活·读书·新知三联书店，2012 年。

25 t，长 18.33 m，时速 11 km，主机采用斜卧式双联双胀蒸汽机、单汽缸、回烟式烟管锅炉，推进器为设在两舷的腰明轮。船体布置为机舱在舯前，货舱在舯后，驾驶室在二层。造船材料，除主轴、锅炉和汽缸配件等铁料系进口外，其余皆为国产。而全部工具器材及设备配件，均系自行制造，总耗资约为纹银 8 000 两。

1866 年 4 月，“黄鹄”号在南京举行首航典礼。黄鹄是中国神话中的一种大鸟，可以飞得极高，游得极深。“黄鹄”号建成后，一度曾作为曾国藩的专用船，其儿子、夫人出行都由“黄鹄”号拖带或护航。直到年底，曾国藩才命徐寿将船驶往上海，交江南机器制造总局管理。

如果说魏源的观点和学识启蒙了一代国人思想的话，那么江南机器制造总局的创建则让人看到了实实在在的工业景象。1865 年，江海关道丁日昌收购了虹口美商开办的旗记铁厂。根据李鸿章的奏报，这家工厂是洋泾浜外国工厂中机器之最大者，能造大小轮船及开花炮和洋枪。由于这年英商成立了耶松船厂，旗记铁厂估计是无意在日益增多的外商修船企业中继续竞争，所以愿意脱盘出售。李鸿章又把丁日昌和总兵韩殿甲所办的两个炮局以及容闳在美国购买的机器一并归入。李鸿章会同曾国藩，正式奏请成立江南机器制造总局[1]。

江南机器制造总局成立之初，以制造兵器为主业。1863 年底，中国首位归国的留美学生容闳在安庆对曾国藩说：“中国今日欲建设机器厂，必以先立普通基础为主，

图 1–2　正式成立后的江南机器制造总局

[1]　姜鸣：《龙旗飘扬的舰队》，生活 · 读书 · 新知三联书店，2012 年。

不宜专以供特别之应用。所谓立普通基础者无他，即由此厂可造出种种分厂，更由分厂以专造各种特别之机械。简言之，即此厂当有制造机器之机器，以立一切机器厂之基础也。”[1]“制造机器之机器”的说法，对于刚刚接触外国事务的曾国藩、李鸿章等人来说十分新鲜。所以李鸿章在报告购买旗记铁厂的奏折中说：“查此项铁厂所有系制器之器，无论何种机器，逐渐依法仿制，即用以制造何种之物，生生不穷，事事可通。”但当时李鸿章并未将这批“制器之器”用于建设中国基础机械工业，而是根据前线需要，仍以铸造枪炮藉充军用为主。至于造船，他说：“此事体大物博，毫厘千里，未易挈长较短。目前尚未轻议兴办。如有余力，试造一二，以考验工匠之技艺。”

江南机器制造总局原址在虹口美租界，由于生产军火，受到外侨反对；而且那里场地狭窄，不利于工厂发展，于是便迁往上海城南的高昌庙。新址于1866年夏动工，于1867年冬竣工，占地约4.67 ha，几年后面积拓展到26.67 ha。时人作《竹枝词》吟道：“厂坞宏开备造船，码头筑就局门前。盖房分住华洋匠，监造工程派两员。”“机器锅炉厂各分，造船铁壳匠成群。楼登一座洋枪望，测量台高上矗云。”

1867年5月16日，朝廷批准曾国藩的请求，从江海关四成洋税内酌留二成，一成解济军饷，一成给江南机器制造总局专供造船之用。苏松太道兼江南机器制造总局总办应宝时与会办冯竣光、沈保靖以及技术负责人徐寿、华蘅芳等，抓紧进行轮船的试制工作。1868年7月23日，江南机器制造总局第一艘明轮蒸汽船下水，取名“恬吉”号，为四海恬波、厂务安吉的意思（后改名“惠吉”号）。从此，黄浦江开始迎接着一艘又一艘中国人制造的轮船。

“恬吉”号是木质船体，功率288 kW，排水量600 t，顺流时速111.12 km，逆流时速64.82 km。各项参数都大大超过了“黄鹄”号。在此之前，上海各造船厂制造轮船时，锅炉机器全从国外进口，只是配上自制的木船壳。江南机器制造总局却自制船体和锅炉，另购旧蒸汽机整修后装船配套使用。轮船共耗纹银81 397.3两。“恬吉”号先在吴淞口外试航，直抵舟山而返。1868年9月28日上驶江宁，曾国藩亲自

[1] 容闳：《西学东渐记》，徐凤石、恽铁樵等译，钟叔河导读、标点，中国出版集团，生活·读书·新知三联书店，2011年。

图 1–3　“操江”号

前去视察，并登船驶至采石矶。

曾国藩计划第一批建造四艘轮船。马新贻担任两江总督后，便抓紧第二艘轮船的施工。他奏请将江海关所留二成洋税全拨给江南机器制造总局，专造轮船。局里聘请三个外国技术人员领工，几百个中国工人边干边学。1869 年 5 月，第二艘轮船“操江”号竣工。“操江”号排水量 640 t，功率 313 kW，所有船体、轮机、锅炉皆为厂内自造。船成之后，照例出吴淞口试航，至舟山而返。旋驶江宁，供马新贻验试。马新贻向朝廷报告说，此船工料极为精坚，机器小而灵动，在长江行驶尤为相宜。10 月 5 日，第三艘船“测海”号下水。次年 10 月，第四艘船“威靖”号竣工。1872 年 5 月，第五艘船“镇安”（后改名“海晏”）号下水。“镇安”号排水量 2 800 t，功率 1 324 kW，载炮 20 门，是当时国产木壳蒸汽船中最大的一艘。江南机器制造总局的造船能力可见已很强大。[1]

由于江南机器制造总局是一个以生产枪炮弹药为主，以造船为辅的兵工厂，没有在造船方面投入主要精力，大约保持在平均每年一艘的规模。1873 年 2 月，“镇安”号的同型船“驭远”号下水后，至 1876 年才又制成铁甲小轮船“金瓯”号。这是一艘试验性的军舰，仅长 32 m、功率 147 kW。据说此船制成后，不能出海，炮位布置也有问题。此后，造船业务便停顿下来。直到 1885 年才又建造了一艘“保民”号钢质军舰。

[1]　姜鸣：《龙旗飘扬的舰队》，生活·读书·新知三联书店，2012 年。

停造轮船的另一个原因是江南机器制造总局军火生产任务太重，又无款可拨，便将一成洋税之款先行借拨，以济制造枪炮之急，导致了造船工业的偏废。当时李鸿章上奏，对江南机器制造总局趋重生产枪炮、放松建造轮船表示过看法，指出欧洲列强正在推广海军，添造轮船不遗余力，中国造船事业岂可创办未久遽生懈弛之心。无奈江南机器制造总局注重生产枪炮弹药已成难返之势，马新贻所请酌留的二成洋税几乎没有用于造船。

闽浙总督左宗棠承续林则徐、魏源的思想，认为“中国欲自强，非仿西法，设局急造轮不为功”。在英国驻华公使威妥玛和海关总税务司赫德劝说中国购买外轮时，左宗棠极力主张建立不受国外控制的近代造船工业，并创建一支不受外国控制的海军。1866年6月25日，左宗棠将在福建设立造船厂的计划上报朝廷，7月14日得到批准。马尾既是天然良港，也是进出福建的重要门户，是理想的船厂选址。马尾船政局于1866年12月破土动工，两年后大致建成，占地40 ha，有船坞、厂房、外国雇员宿舍、学校和衙署。其规模超过当时日本所有的船厂，成为当时远东地区最大的造船基地。

首先，作为近代造船工业的先驱，马尾船政局在造船数量、技术力量、设备配置、工艺水平和船式结构方面，均有杰出成就。晚清仅有马尾船政局与江南机器制造总局两家造船厂，共建造 50 t 以上的轮船 48 艘，其中马尾船政局所造船只 40 艘，约占总数的 83.3%。总吨位约 57 000 t，马尾船政局占 45 523 t，约占总数的 79.9%。马尾船政局雇佣包括日意格、德克碑在内的外国工匠和雇员 52 名，是全国洋务工厂中聘用外国人员规模最大的一间工厂，再加上掌握船舶设计制造的技术和管理人员以及 2 000 多名中国第一代造船产业工人，实为晚清造船工业技术队伍的主力军。马尾船政局各类设备及辅助设施也非常齐全，并且拥有全国最大的造船石坞。马尾船政局代表了当时我国造船工艺的最高水平。以 1887 年制造的“龙威”号为例，它是 19 世纪 80 年代期后中国建成的第一艘钢甲舰，为马尾船政局所有船舶中大炮装备最精良者。“船式之精良，轮机之灵巧，钢甲之紧密，炮位之整严”[1]，均超过以前。

[1] 赖正维：《马尾船政局与近代造船工业》，《船政文化研究》，2003 年。

图 1–4　马尾船政局

据称："甲午之役，与日人交战屡受巨弹，毫无损伤，较之外购之超勇、扬威、济远，似有过之。"此外，马尾船政局生产的船只也堪称当时船式结构最为齐全的，有兵舰快船 24 艘，运输商船 8 艘，鱼雷舰艇 6 艘，练船、拖轮各 1 艘，合计 40 艘。

其次，马尾船政局实现了近代造船工业由引进、仿造到自制，由木质、合构到钢甲阶段的技术突破。1867 年 12 月，马尾船政局第一座船台竣工。1869 年 6 月，第一艘自造的蒸汽船"万年青"号下水。此船虽为木质结构，蒸汽机是从英国购买的，但从世界造船史来看，19 世纪中叶，大多数蒸汽船也还是木质结构，19 世纪中叶以后铁木结构船才盛行。"万年青"号无论在吨位，还是在功率上均大大超过同年代的日本仿造蒸汽船"千代田"号。之后一年半内，"湄云"号、"福星"号、"伏波"号等船相继下水。但以上船只的主机都购于外国，马尾船政局只制造船体。此后，马尾船政局开始自造 110 kW 的蒸汽机。1871 年 6 月，第五号轮船"安澜"号下水，"所配轮机、汽炉均由厂中自制"。它在我国造船史以至机械制造史上都有重要意义。蒸汽机从绘图到成品的过程，虽然仍须由外国技术人员指导，但它是我国第一台国产蒸汽机。1876 年，马尾船政局建成铁胁厂。同年 9 月 2 日，第一艘"威远"号铁胁轮船采用木壳护以铁板的方法安上龙骨，标志着我国造船业开始摆脱木船时代。1877 年，第二艘自制的铁胁兵船"超武"号下水。马尾船政局从 1881 年开始试制 2 000 吨级的巡洋舰，功率 1 765 kW；5 年后又向外国购买钢料，以试制双机钢甲战舰。1889 年，"龙威"号终于建成，后编入北洋舰队，改名"平远"号，其各项性能均超过当时的外购船舰。在马尾船政局制造的40艘各式兵、商轮船中，总计有木壳船19艘，铁胁木壳船10艘，钢甲钢壳船11艘。马尾船政局以制造兵轮为龙头，对中国轮船制造业在吨位、功率、速度、机式、质料、稳定性、坚固性、抗沉性方面的技术提高，起到了先行带动的重要作用。[1]

1880年3月，马尾船政局第四任督办黎兆棠到任，一上任便抓巡海快艇的制造。“开济”号于1883年1月11日下水，“全船吨载二千二百吨……省煤康邦卧机一副，汽鼓三座，水缸八个，机件之繁重，马力之猛烈，皆闽厂创设以来目所未睹”。[2]

中国的铁路建设兴起于晚清自强运动。1877年，我国首个近代煤矿企业——开平矿务局成立。为运输煤矿之计，清政府批准修建我国第一条铁路。唐胥铁路于1881年动工兴建。此后，修建铁路成为晚清自强运动的重要举措。1889年4月，时任两广总督的张之洞奏请修建卢汉铁路（卢沟桥至汉口）。同年5月，清政府颁发上谕，批准卢汉铁路的修建，并宣告修建铁路为“自强要策，通筹全局，次第推行”。同年8月，清政府派调任湖广总督的张之洞与直隶总督李鸿章，会同海军衙门筹建卢汉铁路。

身为晚清洋务派的张之洞，其洋务实践的重要思想动机就是要“开利源，杜外耗”，他倡导修建卢汉铁路也是出于此目的。因此对于铁路建设所用材料，张之洞坚决提倡使用中国的材料，在奏请修建卢汉铁路的奏折中，就提出：“造路之铁可用华产，修路之工仍用民人，至购买铁料，取之海外则漏卮太多，实为非计。”可见张之洞“修铁路必先造钢轨”的决心。

1889年张之洞还在广东任两广总督时，便向英国订购了炼铁炉和制造钢轨的炼钢设备。至1890年初，清政府批准已调任湖广总督的张之洞将设备移至湖北，“今日之轨，他日之械，皆本乎此。宏论倾划，自底于成”。汉阳铁厂的筹建自此开始。历经5年，汉阳铁厂于1894年开炉炼铁制钢。自此，中国开始了为修建铁路而自造钢轨的现代化钢铁工业的历程。

从汉阳铁厂钢轨所占的市场份额来看，据作者粗略统计，截至1922年，中国已

[1] 赖正维：《马尾船政局与近代造船工业》，《船政文化研究》，2003年。
[2] 戚其章：《近代中国造船工业的创建和发展》，《东岳论丛》，1991年第6期。

图 1–5　张之洞

图 1–6　西方艺术家笔下铁路通车时的盛况

通车铁路约 9 980.56 km，其中用汉阳铁厂钢轨铺设的铁路约 3 347.95 km，约占已有铁路的 33.54%。若以每千米铁路需 85 磅轨 82.96 吨计算，汉阳铁厂至 1922 年至少为中国铁路建设提供了 27.77 万吨钢轨。而 1903—1922 年中国共进口钢轨 45 万多吨，从吨数看，20 年间汉阳铁厂钢轨占总的市场份额多于 1/2。

与此同时，中国北方也进一步加速实业兴办。天津机械局由天津军火机器总局发展而来。其最引人注目的事件是试制过潜水艇，几乎与世界其他国家的试制时间相同，反映出设计人员关心国外技术发展，具有积极开拓的精神。

远在西北的甘肃，因左宗棠的到来和军事形势的需要，几乎与东南各省份同时期办起了军事工业机器局。此前左宗棠曾在西安创办了一间规模较小的机器局，此时将之搬迁至兰州。1872 年 12 月 27 日，赖长携带机械和在闽粤挑选的工匠到达兰州，立即设厂试造。第二年工厂正式投产，先造小五金，后又仿造德国后膛进子螺丝大炮二十尊，后膛七响炮数十支，并制造了许多子弹，打破了外国对中国军火供应垄断的地位。

1877 年，赖长利用水轮作为动力，试制了织呢机，不仅织出了呢片，还织成了“亦甚雅观”的“缎面呢里之绒缎”。[1] 同年，应赖长之请，左宗棠决定在兰州创办机器织呢局，在购买了德国的机器后于 1880 年秋开工生产，其设备包括：2 台蒸汽机；3 种梳毛机；3 台纺织机，每台 360 纺锭；20 台织呢机；还有各类配套机器若干台。

[1]　王劲：《甘肃洋务运动：西北工业化的开端》，《甘肃日报》，2011 年。

图 1–7　在外国工程师指导下进行轨道铺设的中国工人

图 1–8　正在视察汉阳铁厂的张之洞

工厂创办后引起中外人士的高度关注，为当时新疆反侵略斗争提供了军毡、军毯。

洋务派实力人物均以“实业”体现“实力”，以“实力”谋求中国工业的发展。在制造机器的过程中，“设计”往往是参考的代名词，其实质是学习外国的技术和科学。但无论如何，在中国工业化的起始之时，设计已经成为不可或缺的要素。

中国官方近代派出的第一批公费留学生是在容闳的倡导与策划下，在李鸿章的直接操纵下得以实现的。为了造就洋务人才，李鸿章顶住了各方压力，力排众议，与美国第 18 任总统格兰特签订协议，自 1872 年开始将 120 名幼童分四批派往美国留学，美国将予以特别的优惠。

当时为了选拔留学生，清政府在上海开设了预备学校，此校计划容纳 30 名学生，并委派了十分可靠而热心此举的人担任校长，顺利完成了培训任务。只是当时中国没有报纸传媒，北方地区少有人报名，为凑足第一批留学生人数，容闳还到香港进行选拔。

为了做好接待留学生的工作，清政府在美国建造了专门的建筑作为办公之用，可见当时是做长期打算的。《西学东渐记》中记载：1874 年，李文忠从留学事务所之请，命予于哈特福德之克林街 (Collius Street) 监造一坚固壮丽之屋，以为中国留学事务所永久办公之地。次年春正月，予即迁入此新居，有楼三层，极其宏敞，可容监督、教员及学生七十五人同居。屋中有一大课堂，专备教授汉文之用。此外则有餐室一、厨室一，及学生之卧室、浴室等。予之请于中国政府，出资造此坚固之

图 1–9　容闳

图 1–10　容闳的著作《西学东渐记》

屋以为办公地点，初非为徒壮观瞻，盖欲使留学事务所在美国根深蒂固，以冀将来中政府不易变计以取消此事，此则区区之过虑也。而讵知后来之事，乃有与予意背道而驰者。[1]

直至留学计划中断前，已经在美国历经 6 至 9 年熏陶的留学生，不仅学到了许多知识，而且动手能力特别强，大多成为中国近代工程技术科学方面的开拓者。这些留学生中从事工矿、铁路、电报业者 30 人，包括 6 名工程师和 3 名铁路局长，其中邝荣光是开平煤矿采矿工程师，詹天佑是京张铁路工程师。从事教育事业 5 人，其中 2 人做了大学校长。服务海军的有 24 人，其中 14 人为将领。从事外文、行政

图 1–11　中国第一批留美幼童出发前的合影

[1]　容闳：《西学东渐记》，徐凤石、恽铁樵等译，钟叔河导读、标点，中国出版集团，生活 · 读书 · 新知三联书店，2011 年。

图 1-12　中国画家笔下的留美幼童在进入美国海关后换上西服和皮鞋

工作的有 24 人，包括 12 名领事、代办，2 名外交次长、公使，1 名外交总长，1 名内阁总理。[1] 毫无疑问，这些人为传播近代科学技术发挥了积极作用，也为近代西方科学技术向中国的转移扫清了技术上的障碍。而容闳自身也因参与现代工业企业的建设和直接操作留学生派遣工作而成为中国工业化的直接推动者。

图 1-13　留美幼童在美国康涅狄格州哈特福德“中国留学事务所”的合影

[1]　曹前有:《论李鸿章对近代中国科技发展的积极影响》,《自然辩证法研究》第 27 卷第 8 期，2011 年 8 月。

第二节　近代科学技术思想的传播

从洋务运动时期起，中国开始大规模地翻译西方书籍，为近代中国人了解西方科学技术创造了条件。传教士麦都思等人于1843年创办的上海墨海书馆，是最早用西式铅印活字印刷术的汉文出版机构，也是当时中外人士合作译书，切磋学术的重要场所。

随着洋务运动的兴起，清朝统治者认识到必须学习西方的机器制造知识和科学原理，才能更好地推动洋务事业的发展；于是清政府创立了官办的译书局，江南机器制造总局、京师同文馆、马尾船政局、上海广方言馆等成了中国第一批近代出版机构。这些出版机构中，江南机器制造总局、马尾船政局属洋务派直接创办、控制的企业；而京师同文馆、上海广方言馆属新式学堂，着重培养外语翻译人才，聘有外国教师担任教习，还开设自然科学课程。上海广方言馆后并入江南机器制造总局翻译馆，但仍保留了原名。由于清朝洋务大吏们的指导思想是基于实业，以实用的态度来推动西方科学技术思想的传播。至此，所谓“中体西用”理论也进入了炉火纯青的阶段。一如冯桂芬所强调的那样，当时中国除了战舰、火器、养兵练兵之法不如外国外，其教育、政治、经济、学术都不如人，他在《采西学议》中指出：“一切西学皆从算学出。西人十岁外无人不学算。今欲采西学，自不可不学算，或师西人，或师内地人之知算者俱可。”[1]他明确主张学习西方，但也强调了“以中国之伦常名教为原本，辅以诸国富强之术”这一“中学为体、西学为用”的思想。由于冯桂芬的思想对曾国藩、李鸿章等人产生了积极的影响，因此在推进翻译西书工作方面也取得了巨大的成就。江南机器制造总局是出书最多，历时最久，影响最大的翻译馆。

[1]　张昭军、孙燕京：《中国近代文化史》，中华书局，2012年。

早在1867年，两江总督曾国藩在审阅了徐寿、傅兰雅等翻译的《汽机发轫》《运规约指》等书后深表赞赏："盖翻译一事，系制造之根本。洋人制器出于算学，其中奥妙皆有图说可寻，特以彼此文义扞格不通，故虽曰习其器，究不明夫用器与制器之所以然"，并指出待翻译馆建成、译书成功后"即选聪颖子弟随同学习，妥立课程，先从图说入手，切实研究，庶几物理融贯，不必假手洋人，亦可引申其说，另勒成书"。

至晚清时期，江南机器制造总局翻译馆共计59人，其中西方传教士有傅兰雅、金楷理、林乐知、伟烈亚力等9人，中国学者主要由格致、算学、天文、医学等方面的专家组成，包括徐寿、华衡芳、徐建寅、舒高第、李凤苞、赵元益、王振声等人。其中傅兰雅在馆时间最长，翻译书籍最多，在推荐、选购各类著作中的贡献也最大，同时他规范了一系列翻译原则。傅兰雅1839年出生于英国肯特郡海斯镇，英国圣公会传教士，在馆28年与同事合作译书共计77种129部，占全馆总数三分之一以上，曾被清朝授予三品官衔。徐寿是设立江南机器制造总局翻译馆的倡导人之一，也是"黄鹄"号轮船的研制人之一。另一位同样参与试制工作的华衡芳则是数学家，"黄鹄"号机械制图均出于他之手，主要翻译了12种171卷近代科技著作。

综观译书成果，数学方面主要由数学家李善兰、华衡芳、伟烈亚力合作完成，使西方的对数、解析几何和微积分理论传入中国。化学方面主要由徐寿完成，确立了大多数化学元素的名称和各种元素的性质，将有机化学、无机化学、定性分析、定量分析等近代化学知识系统引入中国。物理方面，李善兰与艾约瑟合译《重学》20卷，将牛顿力学三大定律带到中国；傅兰雅和王季烈合译的《通物光电》一书第一次介绍了X光射线的生成和性质，以及在医疗方面的应用，在书中还附了多幅X光透视照片，反映了当时先进的科技成果。天文学方面，除了介绍哥白尼学说之外，由徐建寅加以增补，介绍了万有引力定律、太阳黑子理论、彗星轨道理论、恒星、行星、银河系等近代天文知识。除此之外还有历史、地理、军事等方面的书籍翻译。

1876年傅兰雅创办了《格致汇编》杂志，英文名为*the Chinese Scientific Magazine*，该刊主要介绍声、光、电、化等科学技术，这一部分内容多译自英美工艺、格致等书籍。

《格致汇编》在国内外有很多代销者，在国外发行至新加坡和日本神户、横滨，国内主要销售于沿海、沿江各省市或商埠，主要有北京、上海、天津、南京、安庆、杭州、宁波、温州、厦门、福州、保定、长沙、湘潭、益阳、汉口、桂林、广州、汕头、太原、济南、烟台、登州、青州、重庆、武穴、邵伯、牛庄、台北、淡水、香港等。[1]

该杂志注重介绍实用技术，发表了许多关于采煤、火车与铁路、造船、机械、炼铁炼钢、纺织机械、电报电话、石板印刷等技术的文章，当然它也没有忘记当时已进入中国市场的各种产品，如玻璃、冰块、啤酒、汽水、纽扣、火柴、水泥、电灯等的制造工艺，同时还介绍了制糖、打米、磨面、榨油、制砖的机器。杂志在推出这些产品的同时往往结合着生活方式的介绍，从某种意义上来讲是一种设计的普及教育。

《格致汇编》还介绍了气象仪表、望远镜、量热仪器、测绘器具、光学和力学仪器等多种仪器，以致常有读者前来询问在何处可以购买。傅兰雅曾登告示说："……内地之人要考究格致之学，不知器具与材料何价并何用法。凡阅《汇编》诸君，如要买何种器料，致信下问，本馆回复言明，不取分文。"他连续刊登了英国几家著名科学仪器公司的广告，又编评了他们的产品说明，辑成"格致释器"专题，在杂志上连载，成为介绍西方仪器的重要文献。傅兰雅和同事们经常会针对读者来信，

印布機器

图 1–14 《格致汇编》中对西方钢板生产线及印布机的图文介绍

[1] 杨丽君、赵大良、姚远:《<格致汇编>的科技内容及意义》，辽宁工业大学学报第 5 卷第 2 期，2003 年 4 月。

回答有关照相、电镀、养蜂、潜水、印刷、纺织等方面的疑问。该杂志开设有“读者通讯”栏目，杂志出版7年间共计回答了读者322封信，所询问题相当广泛，有半数是有关西方科学技术和应用的问题，另有半数是好奇而提出的奇异问题，以求解答。

第三节 “清末新政”下经济立法的作用

1901年，随着清政府签订《辛丑条约》，外国列强进一步加深了对中国的经济侵略，处于风雨飘摇之中的清王朝，面对帝国主义列强的入侵和国内日益激化的社会矛盾，不得不考虑社会改革的方案，“以期渐致富强”。而此时国内的工商业者强烈要求保护民族工商业的发展，以应对国外经济势力的入侵，因此清王朝下令变法，表示要参照西方模式改弦更张。此次变法被史学家称为“清末新政”，其内容涉及“新军”、筹饷、废除科举制度、兴办新兴学堂、振兴实业等多个方面。[1]

振兴实业的一个主要内容是设立经济行政部门、建立新的经济法规制度。清政府于1903年4月22日颁谕开办商部，其职责是“提倡工艺、鼓舞商情”，同年9月7日商部正式成立。1906年9月又将工部并入商部，改为农工商部，而原来属商部管理的轮船、铁路、交通、邮政和电报则分离出来，另设邮传部管辖。作为“新政”的重要内容之一，这一系列变革体现了移植西方制度，适应当时新生的资本主义发展的一面。

新政时期的经济法规可分三类：一是保障人权益的综合性法规，二是行业管理法规，三是奖励及实业教育章程，如表1-1所示。

[1] 张廉：《中国经济法的起源与发展》，中国法制出版社，2006年3月。

表 1-1 清末经济法规一览表 [1]

类别		法规名称	颁布时间
综合性法规		商人通例	1904
		公司律	1904
		公司注册试办章程	1904
		商标注册试办章程	1904
		改订商标条例	1904
		呈请专利办法	1904
		破产律	1906
行业管理法规	财政金融业	试办银行章程	1904
		试办京津上海等处银行章程	1906
		印花税则	1907
		推广度量衡制度暂行章程	1908
		银行注册章程	1908
		大清银行则例	1908
		银行通行则例	1908
		清理财政章程	1909
		通用银钱票暂行章程	1909
		商设银钱业注册章程	1909
		厘定币制酌拟则例	1910
		兑换纸币则例	1910
		试办全国预算暂行章程	1911
	农业	改良茶业章程	1905
		推广农林简明章程	1909

[1] 汪敬虞：《中国近代史》（1895—1927）中册，人民出版社，1998 年。

（续表）

类别		法规名称	颁布时间
行业管理法规	矿业	矿务铁路公共章程	1989
		筹办矿务章程	1902
		矿务暂行章程	1904
		矿政调查局章程	1905
		大清矿务章程	1907
		酌拟续订矿章	1910
	交通业	重订铁路简明章程	1903
		路务议员办事章程	1906
		铁路总表	1905
		铁路月计表程式	1905
		路轨统一章程	1905
		铁路购地章程	1906
		铁路免价减价章程及免价变通章程	1907、1908
		铁路雇佣洋员合同格式	1908
		运矿铁路办法	1908
		铁路地亩纳税章程	1908
		轮船公司注册给照章程	1911
	商务	商部接见商会董事章程	1904
		商部议派各省商务议员章程	1904
		商部新订出洋赛会章程	1906
		京师劝工陈列所章程	1906
	经济社团	商会简明章程	1904
		商会章程附则	1906
		商船公会章程	1906
		农会简明章程	1907
		中国铁路工会章程	1909
		工会简明章程	1910
奖励及实业教育章程	奖励章程	振兴工艺给奖章程	1898
		奖励公司章程	1903
		奖给商勋章程	1906
		改订奖励公司章程	1907
		华商办理实业爵赏章程	1907
		奖给奖牌章程	1907
		奖励棉业章程	1910
	实业教育	奏定实业学堂通则	1903
		奏定初等农工商实业学堂章程	1903
		奏定中等农工商实业学堂章程	1903
		奏定高等农工商实业学堂章程	1903
		奏定实业补习普通学堂章程	1903
		奏定实业教育讲习所章程	1903
		奏定艺徒学堂章程	1903

《商人通例》《公司律》《公司注册试办章程》《商标注册试办章程》《破产律》明确了商人的身份、权利以及应遵循的通行规则，借鉴了西方国家近代企业制度的模式并第一次从法律上肯定了公司组织的合法地位，具体规定了公司设立、通行、终止等环节的条件和程序。

上述所有法规中的一个重要的指导思想是保护商业和商人的利益，或称“保商之法”，1903 年商部成立不久就制定了《奖励公司章程》，稍后又制定《奖给商勋章程》《改订奖励公司章程》《华商办理实业爵赏章程》，虽然这些标准过高使不少人望而却步，但在当时重农抑商的社会环境中却是一种巨大的进步，对后来中国工业的发展和繁荣起到了开拓性的作用。

随着科举制度的废除，以及经济制度改革的影响，中国士大夫阶层开始分化，从“士”而“商”的人数骤增。江浙地区素以人文发达著称，但不少士大夫却属意工商实业。除状元实业家张謇、陆润祥外，著名的还有江苏元和王同愈。王同愈 1889 年考取进士，授翰林院编修，曾任驻日公使参赞、湖北学政等职，1903 年返回原籍江苏，积极参与苏州地方商务和学务。1905 年，他发起苏州商会，曾任苏经苏纶丝纱厂总经理，还曾供职苏省铁路有限公司。江苏吴县尤先甲，1876 年中举，未曾出仕，一直在苏州从事商业活动，经营绸缎、颜料、中草药等生意。苏州商会成立后，他先后出任五届商会总理。江苏海州沈去沛，进士出身，经营有纺织、面粉、皮革、肥皂等众多企业，1906 年后任农部右参丞、农部右侍郎等职。上海商务总会首任总理、上海通商银行总董事严信厚，贡生出身，曾任长芦盐务督销、天津盐务帮办等职。上海总工程局议董穆湘瑶，举人出身，经营棉业、煤炭和纺织业等。浙江余姚熊，举人出身，经营刺绣，颇负盛名。浙江镇海盛炳纪，早年辗转场屋，后专门经商，在沪创设泰东面粉公司，于汉口创办汉丰面粉公司，并兼任汉口浙江兴业银行分行总理。

其他地区的士大夫转而经营工商实业者也大有人在。清末在湖南创办的规模较大的六家工矿企业，其创办人全部为科举出身。阜湘总公司创办人龙湛霖、王先谦均为进士，沅丰公司创办人黄忠浩为优贡，湖南矿务总公司创办人刘镇、黄忠浩、蒋德钧均为士绅。醴陵瓷业制造公司创办人熊希龄为进士，华昌炼锑公司创办人梁焕奎为举人，湖南电灯公司创办人陈文玮为廪生，广东琼州府士绅曾联合筹议组织轮船公司，四川巴县秀才杨海珊成立火柴厂，福建闽县进士陈壁办有工艺局、纺织局，厦门生员孙逊办有电灯公司。至清朝末年，士绅经商已为一股时代潮流。1905年前后，伴随各地商会的成立，绅商由散到聚，由点成面，开始凝聚成一个相对独立的社会阶层，成为传统士绅向近代工商业资本家转化的中介桥梁。[1]

伴随着近代教育制度的建立以及新式知识分子群体的崛起，特别是在新政推动下留学运动的发展，西方的科学和思想传入中国。当时留学、游学欧洲和美洲的学生已形成庞大的队伍，他们带来了新的知识体系和结构，在自然科学知识方面不仅涵盖了洋务运动时期的内容，还涉及许多近代新学科，例如，哲学、社会学、政治学、经济学、逻辑学、伦理学和美学等。

“西学东渐”的变化给中国知识分子带来了巨大的心理冲击，知识分子们在惊异之余，也在审视、思考和比较，进而开始见贤思齐，择善而从。

1898年，“戊戌变法”提出从根本上引入西方政治制度，虽未能够实施，但寄希望于通过调和中西方文化来创造新的文明的理想主义情怀难能可贵。这种思考方式和思维逻辑反映在对西方文明的接受层面上，引申出了一条由技术引进到思想兼容的转化路线。思想兼容的结果必然是新的经济制度和社会要素的建构，从而在“物质空间”之外又建构了一个“意识空间”，对中国以后接受欧美工业设计思想奠定了必要的基础。

[1] 张昭军、孙燕京：《中国近代文化史》，中华书局，2012年。

第二章
民国时期经济和产业的发展与设计

1911 年 10 月 10 日，武昌起义推翻了腐朽的清王朝，建立了中华民国，从而结束了中国历史上延续了几千年的封建王朝，建立了亚洲第一个民主共和国。孙中山先生在《临时政府公报》第 27 号中指出“亟当振兴实业，改良商货，方于国计民生有所裨益”。并命令实业部指导各省都督设立“实业司”。这种思想反映了新政府力图干预经济运行、规范经济行为的设想与愿望，也正是这种思想开启了走向工业化的大门。

20 世纪 30 年代前后十年间，中国经济发展提速，而此时欧洲的现代主义设计运动正如火如荼地展开。德国的包豪斯创建的工业设计的理论和实践已经能够和工业制造融合。这个时期的中国虽然没有出现工业设计这个名词，但通过接触欧洲工业产品、考察欧洲工业生产体系，已经能明确感受到设计对于一件工业产品的意义，其来自产业与社会的需求已十分明确。无奈自身产业技术水平较低，资本不够雄厚，所以工业设计只是作为一种简单的概念存在于少数实业家的脑中，处于萌芽、自生的状态。通过这种现象可以判断工业设计在中国已经具有了“内生性”。

然而在中国的城市发展过程中，现代主义风格建筑的出现给国人以巨大的启示，人们从钢筋、水泥和玻璃开始理解几何形体的建筑造型与充满功能的空间，现代主义的设计理念很快被接受。特别值得注意的是中国的实业家开始尝试应用其设计理念来追求商业的成功，个别人的触角已涉及工业设计的范畴，但大部分仍在其边缘徘徊。第二次世界大战爆发的前几年，中国就直接以国家资本开始与美国企业合作。至第二次世界大战结束，随着美国工业产品大量进入中国，当时处在巅峰状态的美国现代主义设计理念随之向中国涌来，他们用具体的工业产品阐述着不同于德国的工业设计思想，似乎更受到中国人的欢迎。相对于欧洲带给我们的工业设计“科普”知识，美国的工业设计思想可能更实用，虽然对具体改变中国工业现状的作用不大，但却起到了将“内生性”扩展，刺激其付诸具体工业设计实践的作用。

第一节　经济法对产业的促进作用

中华民国成立后，很快就着手制定经济法规。这些法规不仅数量比较多，种类比较齐全，内容比较详尽，而且既参照了西方的资本主义经济法规，又较多地吸收了工商界的意见，体现了鼓励资本主义经济的导向。近代中国的资本主义经济法制建设，起始于清末新政时期，展开于民国初年，完成于民国政府时期。其中民国初年的经济法制建设处于承上启下的地位，且基本奠定了近代中国资本主义经济法制体系，也得到了一定的贯彻执行。其在整个近代中国的资本主义经济秩序中，对促进资本主义经济的发展具有重要的意义，也反映了辛亥革命和中华民国成立对中国资本主义发展的推动作用。[1]

中华民国临时政府明确表述“一政之成，非财不办，欲立根本之图，宜先注重实业”，明确了振兴实业的方针，迅速颁布了一批保护民族工商业的法规法律，试图以法律方式来引导和鼓励民众兴办实业。中华民国《临时约法》规定“人民有保有财产及营业之自由”。内务部发布的《保护人民财产令》中表述：一切国民财产归于原所有者享用。这些法律法规为资本主义经济活动提供了基本的法律保障。汪敬虞认为：这些措施既恢复和稳定了因战事而动荡的社会秩序和民心，又是对清末

[1] 虞和平：《中国现代化历程》（第2卷），江苏人民出版社，2001年。

经济法规建设成果有选择的继承，避免了经济领域中无政府状态延续的消极影响。[1]

中国的现代工业萌芽在没有得到法律保护前是不可能茁壮成长的，产业、市场、消费形态也不可能形成。在这样的前提下，基于现代工业产业的价值观不可能得以确立，以产业为中心的设计活动也就没有了发展空间，虽然经济法对于设计活动的影响不是直接的，但却决定了其价值和走向。

如果说《保护人民财产令》是民国时期资本主义经济发展的起点，那么《禁止人口买卖暂行条例》则有效地维护了资本主义雇佣契约关系，不再有主仆之分，而代之以雇主与雇员关系。稍后出台的《商业注册章程》则激发了大批集股创办实业的浪潮。其规定了准许各商号自由注册的条件和流程，特别值得一提的是规定中外合资企业公司华人要占相当的比例。上海、宁波、杭州和福建等地还通过减免税赋来促进当地实业的发展。1912 年与 1913 年全国新办企业分别达 2 001 家和 1 249 家。《中华实业界》第 2 卷第 5 期记载："民国政府厉行保护奖励之策，公布商业注册条例、公司注册条例，凡公司、商店、工厂之注册者，均妥为保护，许各专利。一时工厂踊跃欢忭，咸谓振兴实业在此一举，不几年而大公司大工厂接踵而起。"[2]

1912 年 3 月北洋军阀统治中国，袁世凯任临时大总统，在北京成立北洋政府，在其政府内有著名实业家张謇先后担任工商、农林、农商总长，另外交通、财政等部门也邀请工商实业界著名人士担任。张謇在国务会议上发表的《实业政见宣言》中明确提出：对于近代实业要"扶植之、防维之、涵濡之而发育之"的政策，并提出了立法的设想。北洋政府时期颁布的经济法 70 余项，涉及商事法规、工矿业法规与劳动法规、财经金融法规和税收法规四个方面。

商事法规中，1944 年颁布的《公司条例》共计 251 条，确定了公司这一新兴组织形成的形态与范围，有助于维护公司的信用，保障投资者的权益，其内容较 1903 年清商部所颁发的内容增加一倍多。1913 年 3 月公布的《商人通则》共 73 条，包括商人、商人能力、商业注册、商号、商业账册、商业使用人及商业学徒、代理商等，其中规定所谓商人为"商业之主体之人"。《商人通则》虽然以"商人"名义，实

[1] 汪敬虞：《中国近代史》（1895—1927）中册，人民出版社，1998 年。

[2] 张廉：《中国经济法的起源与发展》，中国法制出版社，2006 年。

质包括“买卖、制造、水电、文化、银行、信托、保险、运输、牙行”等17个行业。

1923年5月，北洋政府颁布了《商标法》和《商会法》。这些规范都是北洋政府时期颁布的单行商事法规。《商标法》对商标的定义、商标注册的原则和程序、商标权的转移和撤销以及商标权的保护等内容做了规定。《商标法》对于促进中国品牌的成长具有决定性的作用，它使得企业家和设计师能够充分展开想象，并由设计师将其设计转化成视觉图像。为规范日益增多的工商界民间团体，北洋政府依据我国的实际情况制定颁布了《商会法》及其实施细则。这也是资产阶级及其经济活动合法化的标志之一。《商会法》明确规定：“商会及联合会得为法人”；商会必须由30至50名有一定资历和财产的商人发起才能成立；省设商会联合会，县设商会，县以下的商业繁盛区设事务分所；商会的职责是“研究促进工商业之方法”，“调查工商业之状况及统计”，筹议工商业之改良，并进行各种争议的调处。1915年12月经修改后的《商会法》，补充了关于总商会和全国商会联合会的规定，更改了商会的组织形式，明确了商会的职务、选举、任期、解职、处罚、经费、解散及清算等事项。

1923年农商部颁布的《暂行工厂通则》共计28条，该通则对适用范围、雇工、劳动时间、劳动报酬、劳动保护、工伤、管理人员等做了详尽的规定。与此同时，北洋政府还制定了一些有关具体工业企业的规范，如《制盐特许条例》《工业品化验处简章》《电气事业取缔规则》等，这些规范的出台不仅有利于规范企业的生产经营活动，而且有利于政府对企业进行监督和管理。[1]

财经金融法规方面，1914年3月颁布的《会计条例》共计36条；公债条例有《中华民国八厘公债章程》等5种；1914年出台的《国币条例》为发展新式金融业、改革币制的一项金融政策。张謇在《实业政见宣言书》中特别强调“农工商之能否发展，视乎资金能否融通”。1914年12月颁布的《证券交易所法》，其宗旨为“为便利买卖、平准市价，而设立之国债票、股份票、公司债票及其他有价证券交易之市场”。

当时的各种经济法规起到了承上启下的作用，其一，界定和规范社会经济活动

[1] 张廉：《中国经济法的起源与发展》，中国法制出版社，2006年。

工 商 部

冠生園食品股份有限公司

股東 仁記錦

股份 壹萬 股整

國幣 拾萬 圓整

图 2–1　冠生园食品股份有限公司的工商批准文件　　图 2–2　冠生园食品股份有限公司发行的股票

的主体组织及其行为方式。例如，明确公司、商人、商会、交易所等的定义，它们如何设立，如何运作，其行为应有何规范，乃至如何解散和取缔。此类条例细则数量多，且相对完备。其二，保护、扶持和奖励社会经济生活中的各种合法活动。例如，公司（即企业法人）的地位及商人即（企业法人代表）的地位得以确定，专利、保息、示范和奖励各项制度的确立，税制改革以及提倡国货等。其三，为新兴资本主义工商业造就所需的社会条件和环境，包括必备的公共手段和设施。[1]

1926 年 7 月，国民革命军从广东出发北伐，而蒋介石发动了“四一二”政变，在南京另立了国民政府，建立了国民党政权，陆仰渊、方庆秋在《民国社会经济史》中指出，“从 1928 年至 1937 年 7 月抗日战争全面爆发的 10 年间，中国经济进入了一个新的嬗变时期。在这一时期内，国民党根据其制定的《训政纲领》，推行‘一党专政’和‘以党治国’的方针，一方面加紧对革命根据地的‘围剿’，一方面在财政经济方面采取措施，为发展资本主义和建立垄断资本主义开辟道路。”[2]

南京政府立法院成立后，授命马寅初等人组成商法起草委员会，并于 1929 年 12 月 7 日修订通过了《公司法》，1931 年 2 月 21 日又颁布了《公司法施行法》《公司登记规则》《特种股份有限公司条例》，1929 年还有《票据法》《保险法》《海商法》问世。

[1]　张廉：《中国经济法的起源与发展》，中国法制出版社，2006 年。

[2]　陆柳渊、方庆秋：《民国社会发展史》，中国经济出版社，1991 年。

随着近代工业的迅速发展和工人运动的勃兴，许多工业发达国家先后制定了工厂法，以协调劳资关系，维护资产阶级统治。随着我国近代工业的发展和工人运动的兴起，民国政府为缓和阶级矛盾，巩固其统治基础，于1929年1月，仿照西方国家的工厂法，在原北洋政府制定的《暂行工厂通则》基础上，拟定了《工厂法草案》117条。经国民党中央政治会议和立法院审议修订，于当年12月30日以民国政府名义正式公布《工厂法》。

《商标法》是南京国民政府以北洋政府的《商标法》为蓝本，于1930年5月6日颁布的。此法与北洋政府的《商标法》大同小异，其主要区别在于：第一，不得作为商标内容的规定增加了“中国国民党党旗、党徽”及“相同于总理遗像及姓名、别号者”。第二，商标使用的管理规定趋严，规定以善意使用商标的年限由五年增为十年，“注册事项遇有呈请变更或涂销时，经商标局核准后，应登载商标公报公告之”，同时商标异议也增加了再审程序。[1] 第三，规定了严格的保护措施。民国《刑法》第268条规定：“意图欺骗他人而伪造已注册或未注册之商标商号者，处两年以下有期徒刑得并科三千元以下罚金”；规定明知是伪冒他人商标之货物而贩卖，“处六个月以下有期徒刑、拘役，得并科或易科一千元以下罚金。”[2] 立法院认为刑法之规定，“足以保障裁判，商标法无附设罚则之必要”。1934年8月，国民政府对《商标法》进行了修改，其内容是：第一，“商标所用之文字包括读音在内，以各该国国音为准”；第二，在贯彻商标“使用在先”原则时，应以“在中华民国境内”使用为前提。

1933年后，在一大批经济法规推行的同时，民国政府决定在经济领域里扩大经济统治，试图把主要工矿业、交通运输业和通信等事业集中在国家统治之下。为此，实业部制定并公布了1933—1936年《实业四年计划》，提出：（1）确定在政府通盘筹划下，将粮食、棉花、煤炭等重要产业物资统制起来，达到生产与消费、供应与需求的平衡，而后由国内市场转移到国际市场，以谋对竞争。试图通过统制经济

[1] 中国第二历史档案馆编：《中华民国史档案资料汇编》第五辑第一编（财政经济五），江苏古籍出版社，1991年。

[2] 黄宗勋：《商标行政与商标争议》，大东书局，1948年。

达到“以民族经济代替封建经济，实现现代式的国家”的目标。（2）计划集合资金16亿元，投放于工矿和农林建设。（3）确定以“扬子江为首始建设的中心区”，从而形成新的国家经济中心，以期达到“经济中心和政治中心连成一气”的目的。总之，无论是《实业四年计划》还是“国民经济建设运动”，“其目的是试图通过国家权力，对国家重要的经济部门实行经济统治，以加强中央集权，并使用国家的经济力量以建设国家资本主义经济”。在这些因素的影响下，1936年的中国工业、商业、农业比1935年都有较大的增长。如与国民党统治刚刚建立的1927年相比，该时期可算是中国经济的高峰。在经济建设进程中，中国的民族工业有所发展，官僚资本稳步增长，官僚势力乘复兴农村运动之机扩大了在农村直接占有土地的数量与经营项目。总之，民国政府所开展的经济建设，充实了国民党统治的经济实力，在客观上对中国的经济发展有所促进。蒋介石政权建立后，较为成功地组织了国家的经济建设，从城市工商业的转机到农村经济的恢复，重新展示了政府的职能，这对于正处于复杂而特定历史背景下的中国，在客观上不能不说有其积极的意义。[1]1936年，由原国民党“国防设计委员会”改组而成的“资源委员会”拟定了《重工业五年建设计划》，计划投资2.7亿余元建立国营工业工矿企业，由此掀起所谓的国民建设运动。同年“资源委员会”奉命筹办中央机器厂发展汽车工业。1939年5月，买下美国斯图尔特汽车厂全部器材和设备，9月在昆明成立中央机器厂第五分厂生产汽车。1943年，陆军机械化学校派32人由清华大学陈继善教授带队去美国汽车厂实习。1946年6月，天津汽车制配厂组装出第一辆飞鹰牌三轮汽车。

这些工业成果的象征意义大于实际意义，但从基于新的经济政策法规条件而开展的现代化工业实践角度看还是具有积极意义的。这个时期的设计活动空前活跃，但是能级不高，还没有真正进入产业的核心，但毫无疑问已经显示出自身的魅力。

[1] 虞和平主编：《中国现代化历程》（第二卷），江苏人民出版社，2001年。

第二节　德国产品意识对中国的启蒙

德国工业形态和产品之于当时的中国具有特别的吸引力，其可靠的质量及能够帮助人拓展自身能力的特色使中国精英阶层印象深刻。德国的制造工厂、制造体系、制造标准和制造制度成为中国人特别想复制的对象，于是大量购买德国产品成为政府的选择。从政府采购德国产品入手，即提供“物”开始，通过培养亲德官员和留德学生达到将德国工业设计思维逐渐引入的目标。这个过程是欧洲，或者确切地说是德国设计思想向中国转移、传播的过程。在德国萌发的理性设计思想以德国工业产品为载体，开始在中国普及，而理性设计又是现代主义设计思想的精髓，即后来所谓工业设计思想的基础。

20 世纪 30 年代中期，德国在工业技术及现代化工厂生产组织方面已领先世界。在德国技术和企业及相关资金等相关要素的催化下，建立中国汽车制造公司和中国航空器材建造公司，可以看作中国对德国技术的认可，而德国产品进入中国市场又显示着中国对德国工业设计的认可。

早在 19 世纪 80 年代，德国为中国建造了巡洋舰“经远”号，因此一直影响了其后民国时期战舰的船型设计。

1928 年，江南造船厂已从由英国人担任总工程师转为由中国人叶在馥担任总工程师。从洋务运动时代马尾船政局设立船政学堂培养军舰设计、建造人员开始，历经半个世纪的光阴，中国终于有了自己的船舰总设计师。叶在馥早年留学英国格拉斯哥大学和美国麻省理工学院，在设计中推崇德国船型设计，在以后江南造船所所造战舰中均有他的建树。

图 2-3　第二次世界大战前的德国兵工厂

图 2-4　美术作品描绘的民国海军炮舰“永绥”号

中国直到1913年才有现代化的公路——湖南长沙至湘潭的一条长53 km的公路。在修建能够供机动车行驶的公路方面，南京政府显示出相当大的进步。1921年，这类公路仅有1 184 km，到1930年，已增至46 670 km，而1935年则增加到94 951 km。例如，浙江省的公路建设猛增，从1927至1937年间修筑公路1 609 km。这些建设计划对整个人民或传统经济来讲，并没有太大的影响，因为利用公路不仅要收取沉重的通行税，而且旧式的牛马车常常会堵塞路面而被禁止上路；但是，这些公路确实使“运送军队、警察和政府供给品更为便利”。[1]

外国企业与这类公路建设并没有很大的关联，但中国的所有机动车辆及装备——公共汽车、卡车及少量的小汽车——完全依赖从外国进口。虽然中国各方面均在尝试制造汽车，但与批量生产相距甚远。1931年5月，沈阳民生工厂试制成功的民生牌75型1.8 t载货汽车为国产第一辆汽车，除汽油机、后桥、电气设备、轮胎等部件外，其余零件为自制。1932年12月，山西汽车修理厂试制成功的山西牌1.5 t载货汽车，除火花塞、喇叭、电机、轴承外购外，其他零件由厂商自制。

戴姆勒－奔驰公司当时正在为蒋介石“中央军”的德械师提供军用运输车辆。那些车辆显然已使中国官员确信，德国柴油发动机卡车的性能比美国汽油引擎车辆要优越得多。1936年下半年，民国政府拥有的中国汽车制造公司宣告成立。

中方与德国奥托·沃尔夫公司签署协议，要求其每年提供1 200台柴油发动机

[1]　[美]柯伟林著，陈谦平、陈红民、武菁、申晓云译：《德国与中华民国》，江苏人民出版社，2006年。

图 2-5　民生牌 75 型 1.8 t 载货汽车

图 2-6　山西牌 1.5 t 载货汽车，左上角为监制者姜寿亭

卡车底盘。装配厂于 1937 年年初开始兴建，位于铁路枢纽湖南株洲附近，那里还将建造一座生产驾驶室、车身的工厂以及一座修配厂。轮胎、玻璃和皮革都由上海的分厂制造。德国工程技术人员将监督设备的安装并负责培训中国技术工人。根据最初的计划，到 1941 年，所有来自德国工厂的设备必须安装完毕，中国汽车制造公司必须完全能够生产戴姆勒 – 奔驰型卡车。

1937 年秋，株洲汽车厂生产出第一批卡车。到 1939 年已交付超过 7 000 台卡车底盘。1938 年 10 月武汉失守之后，生产设备转移到了广西桂林。汽车底盘最初通过香港转运，后来又假道中南半岛。在 1940 年中南半岛通道丧失之前，底盘都在越南海防市卸货，然后运到中越边境的广西凭祥市，在那儿装上驾驶室，到桂林进行最后的总装配。此后，直到 1941 年 6 月苏德战争爆发以前，奥托 · 沃尔夫公司假道苏联陆路，继续向中国提供汽车底盘，几乎达订购数的一半。

德国公司除了在铁路和公路交通方面开辟了中德合作关系外，对中国航空工业

图 2-7　1935 年清华大学装配的载货汽车

的发展也起到了十分重要的作用。

在奥托·沃尔夫公司加入的情况下，中方与德国容克斯飞机与发动机制造厂开始谈判建造一座飞机制造工厂及训练中国技术人员事宜，商定的注册资本为400万马克，由南京政府、中国银团和德国公司各出资三分之一。蒋介石在1934年3月原则同意了这项计划，并于9月29日签订了初步合同。根据这项为期十年的协议条款，容克斯飞机与发动机制造厂承办包括飞机引擎在内的所有飞机材料的供应，并负责培训飞机制造厂中的中方工程技术人员。这项协议预计在第一年生产54架单引擎轰炸机和24架多引擎飞机，此后产量不断增加。德国在初期阶段每年预计可提供价值800万马克的飞机零部件。在协议执行后的最初三年内，将建造200至250架飞机。

飞机装配厂最初选址在南昌，后来改为萍乡，最后定在杭州。与德国容克斯飞机与发动机制造厂的最后协议于1936年10月1日在民国政府获得通过，工程立即开始进行。该公司在1937年订购了价值701.9万马克的飞机器材。

无论中德合作制造卡车还是制造飞机，都在中国工业发展史上留下了浓重的一笔。首先是在当时选择的制造基地都留下了一定的工业技术基础，这些制造基地均成为日后中国重要的工业基地，并在一定程度上带动了中国相关工业领域技术和产业的发展。其次，这种具体的项目合作加快了中国对德国工业设计的了解速度，为

图2–8　德国容克斯飞机与发动机制造厂

日后追溯其理论和方法奠定了基础，为今后中国在工业产品设计中自发、自觉地应用工业设计的方法植入了基因。

直至20世纪30年代初，随着中德关系的发展，中国留德人数逐渐增加。德国的自然科学、医学和工程学水平居世界学术领先地位，也是吸引中国留学生的又一重要因素。受德国科研发展水平的影响，民国政府派遣不少官费生前往德国学习和研究自然科学和工程学科目。此外，民国政府所实施的公费留学考试，为留德生源的学业质量和思想控制提供了一定保障。各部公费留学考试，一般由军政部或教育部统一主办，考试办法及录取标准各有差异。

留德高潮的兴起还与德国对外文化政策紧密相连。德国为了争夺在华权益，不断扩大对中国高等教育的影响。1925年，德国重建洪堡基金会，用于资助外国科学家和博士研究生在德国学习。1933年1月，来自上海纺织工业的顾葆常，成为首位获得该项奖学金的中国学者，赴德国斯图加特大学物理化学和电子化学研究所学习物理化学。20世纪30年代中期，中德双方决定交换留学生。1936年2月，德国驻华大使陶德曼在民国政府中央电台发表讲话，向中国青年介绍德国大学情况，邀请中国学生赴德留学。上述各项工作使中国的工业体系中有众多的德国技术、设备及受到其教育的专业人才。

第三节　现代主义建筑对中国工业设计的影响

国际现代主义设计思想最初体现在建筑设计方面，尤其是在工业建筑上。由于工业建筑体量庞大，且要求符合其工业生产的功能需求，不需要做更多的装饰设计，也由于这个特性产生了“形态随功能”的设计理念。直至1907年欧洲的“德意志工业制造同盟”不仅在理论上阐明了观点，而且已经付诸行动。中国对于现代主义设计的理解也走了与欧洲同样的道路，只是欧洲是由思想走到实践，而在中国则是被现代主义风格的建筑所感染。所以现代主义风格的建筑设计是中国工业设计大幕即

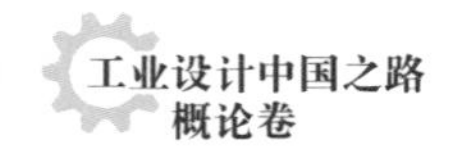

将拉开的前奏，但即便如此，现代主义风格的建筑在中国的具体表现却与欧美完全不同。

现代主义建筑思想在中国的传播得益于中国工业化发展的契机，然而1920—1930年期间的建筑设计业务基本是由外国建筑师一统天下的。对后来中国的建筑设计界影响最大的还是出身清华的庚款留美毕业生，这些海外学成归来的建筑师的实践加快了现代主义建筑思想在中国的传播。现代功能、经济需要与现代主义的风靡，都促使中国新一代留学归来的建筑师在建筑实践和观念上转向了现代主义建筑。

一、外国建筑师传播的现代主义设计思想

匈牙利建筑师邬达克毕业于布达佩斯皇家理工大学。1918年，25岁的邬达克流亡到上海后设计了四行储蓄会大楼。这座大楼当时被誉为“远东第一高楼……世界上最精致的酒店之一”，它展现出“现代建筑最美好的一面”。在很多作品中，邬达克都坚持使用强调纹理质感的砌砖和瓷砖，这一特点在四行储蓄会大楼中达到了极致。为了使大楼看起来更高、更有气势，他完全摒弃了横向的细节，竖向的开窗和砖砌的竖轴从第五层一直延伸到建筑顶部，从第四层延伸到顶部的砖砌方柱更加强了这一效果。20世纪20年代末，邬达克和中国同行有机会去欧洲和美国参观建筑，而这次旅程也成为邬达克设计风格的分水岭。回到中国之后，正赶上上海的建筑热潮，他的建筑开始采用更为现代的外观，在具有表现主义倾向的同时，也保留了他

图2-9　四行储蓄会大楼

图 2-10 大光明电影院

对哥特风格的偏好。大光明电影院标志着邬达克的设计已经完全转为现代主义风格，建筑外部没有过多的装饰，内部也秉承了这一设计理念。1933 年出版的《中国建筑师和建筑商汇编》给予其高度的评价，这座电影院被称赞为“现代设计的一个尝试，它可能不能取悦所有人，但它无疑是座有趣的、惊人的建筑”。[1] 这个电影院的名称决定也充满戏剧色彩。当时作为鸳鸯蝴蝶派文学作家的周瘦鹃受老同学高勇醒之托给这座电影院起名，周瘦鹃在众多的英文名称中挑选了“Grand Theatre”，觉得很堂皇，又提了“大光”二字作为名。但他又觉得这名称不妥，有做生意蚀本赔光的意思，又在此名称后加了一个“明”字，即大放光明的意思。[2] 该建筑风格鲜明，名称响亮，在市民中生产了深刻的影响。邬达克同时期的作品还包括一些精致的工厂建筑。其中于 1936 年竣工的上海酿酒厂是当时中国最大的酿酒厂，它采用了白色石膏表面、环绕式窗户和光滑的细节设计，充满现代主义设计风格。这座大楼也具有邬达克后期设计的特点，就是使用水泥窗框。而中国颜料大王吴同文的别墅则是一座具有简洁几何形态的建筑，圆柱形建筑上的大玻璃提供了开阔的视野，各层突出的楼檐既是美观的需要，也是遮挡阳光，避免其直射房屋的功能需要。

从 1918 年到 1938 年，邬达克留下了几十件建筑作品，有不少在很长一段时间里成了上海的标志。通过这一批上海最早的现代建筑，他把当时欧洲正在探索的现代建筑，包括包豪斯概念引入上海，并且成为建筑体系。与邬达克一样在中国从事

[1] 主要观点参阅［澳］爱德华·丹尼森、广裕仁著，吴真贞译：《中国现代主义：建筑的视角与变革》，电子工业出版社，2012 年。

[2] 周瘦鹃著，范伯群主编：《周瘦鹃文集》，文汇出版社，2011 年。

图 2–11　上海酿酒厂

图 2–12　吴同文的别墅

现代主义建筑设计的外国建筑师还有很多，他们都为现代主义设计思想在中国的传播提供了可感知和可触摸的对象。

二、欧美留学生传播的现代主义设计思想

中西交融是 20 世纪上半叶中西文化碰撞时期中国知识分子特有的文化心态，中国第一代接受正规建筑教育的建筑师在其职业生涯前期都是十分推崇西方古典建筑的。20 世纪 30 年代，他们在时代潮流影响下开始放弃西方古典主义而转向现代风格，继而涌现出一大批具有代表性的建筑设计师。

庄俊（1888—1990）毕业于美国伊利诺伊大学建筑工程系，并获得哥伦比亚大学建筑硕士学位。沈理源毕业于上海南洋中学，1909 年考入意大利那不勒斯大学攻读数学和建筑学科。他们的转变经历了装饰艺术风格的明显过渡，但主题已经明显几何化、抽象化。

杨延宝 1915 年考入清华学校（即后来的清华大学），1921 年开始就读于美国宾夕法尼亚大学建筑系。1924 年毕业后获硕士学位，后在美国费城工作，曾参加了克利夫兰艺术博物馆的设计。杨延宝后赴欧洲考察建筑，1927 年回国后加入天津基泰工程公司。他受过严格的学院派教育，也热衷于中国传统建筑文化。他回国后主持的第一项工程是京奉铁路沈阳总站，该建筑虽然还保留了一些古典建筑的细节，但半圆拱的候车大厅和大面积采光玻璃的应用，使它已经有了现代主义建筑的特征。

图 2-13　京奉铁路沈阳总站

图 2-14　大华大戏院

而他设计的大华大戏院毫无疑问是一座现代主义建筑，省略了烦琐的装饰，黑色大理石带沿建筑立面包裹建筑主体的转角、侧翼和突出的阳台三个部分。随着时间的推移，现代主义在他的建筑实践中的比重也越来越大。1951 年的北京和平宾馆是他设计的中国现代主义建筑经典作品。杨延宝是一个折中主义者在现代主义思潮影响下，建筑价值观念向现代主义倾斜的典型。

范文照 1917 年毕业于上海圣约翰大学，1919 年到 1922 年就读于美国宾夕法尼亚大学建筑系，1925 年为南京中山陵所做的设计获第二名。1927 年，范文照开设私人建筑师事务所，由其设计的早期著名作品中，有与李锦沛、赵深合作设计的八仙桥基督教青年会大楼、与赵深合作设计的铁道部大楼、励志社总社和华侨招待所。他是“中国固有形式”的积极参与者，曾醉心于中国传统建筑的美。从 20 世纪 30

图 2-15　八仙桥基督教青年会大楼

年代起，现代主义思潮波及上海，他敏感地领悟到其先进性并积极提倡现代主义思想。他和其他建筑师成立中国营造学社，研究如何将中国古建筑的元素融入现代建筑，并提倡与“全然守古”彻底决裂的现代建筑，倡导由内而外的现代主义设计思想。1933年，范文照开始提倡“首先科学化而后美化”，按此设计思想设计了赵主教路协发公寓和戈登路美琪大戏院。范文照的建筑思想的转变是现代主义思潮影响下执着的文化民族主义者向现代主义转变的典型范例。1935年，中国政府派遣范文照前往欧洲参加在伦敦召开的第14届国际城市与住宅设计大会，他是唯一来自亚洲的代表，参与讨论了现代建筑的各种问题，包括新材料发明及其应用、公共建筑城市规划、公寓大楼的设计、地下交通的建造和保护以及建筑师的权利等。他在欧洲游历期间所看到的钢结构和玻璃材质的现代建筑令他触动颇深，回国后，范文照意识到要将他欧洲之旅看到、学到的投入实践。

童寯是中国最早接受现代主义的建筑师之一，他在1930年赴欧考察期间，目睹了新建筑运动，回国后在“建筑五式”中说：“近年因钢铁水泥之用日广，房屋之高度，已有超千尺以上者，又因经济限制，而生适用问题。希腊罗马建筑诸式，30年间渐归淘汰。”由童寯设计的南京国民政府外交部办公大楼和官邸坐北朝南，采用钢筋混凝土结构，立面以西方文艺复兴式勒脚、墙身、檐部“三段式”划分，细部为中国传统装饰，檐口用同色琉璃砖做成简化的斗拱。整个建筑庄严简洁，民国时期被誉为“首都之最合现代化建筑物之一”。他与赵深、陈植共同创建的华盖建筑师事务所的代表作还包括南京中山文化教育馆、南京下关首都电厂、上海大上海大戏院、

图 2-16　南京国民政府外交部办公大楼和官邸

图 2-17　上海大上海大戏院

南京首都饭店、首都地质矿产陈列馆、浙江兴业银行等。

1933 年，在上海南京路靠近过去的赛马场的一端，又建起一座惹人注目的建筑，是由梁衍设计的上海大新公司。梁衍曾师从美国现代主义设计大师弗兰克·劳埃德·赖特，这是第二次世界大战以前南京路上兴建的最后一座大型现代化百货大楼。上海大新公司外观特别整洁、有序，钢架结构使得它不需要笨重的承重柱，能够在外观上使用瘦长的线条和竖框。

号称“东方第一乐府”的百乐门于 1934 年竣工，它的设计者杨锡缪毕业于上海南洋大学土木工程科，他是中国民族建筑师中很罕见的没有出国留学的一位。毕业后，他进入曾在南京中山陵设计竞赛中夺得第一名的吕彦直的上海东南建筑公司中做工程师，之后自己创办了上海凯泰建筑公司。百乐门是一座充满活力的现代建筑，该建筑是一个镶嵌着竖向窗户的圆形体块，上方是外挑的玻璃塔楼。到了夜晚，闪烁的霓虹灯使建筑熠熠生辉。大舞池设在二层，铺设有弹簧木地板。当舞客在地板上随节奏跳动时，会感觉自己的脚下如同踩了弹簧，微微的反弹感觉让舞步显得格外的轻盈灵动。三层有若干个昏暗的小舞池，小舞池中的玻璃地板上镶嵌满了灯泡，颜色又分红、黄、蓝、白、紫五种，流光溢彩、绚丽异常。

当上海的现代建筑和规划花样百出的时候，中国其他地区的建筑发展却完全不同。20 世纪 20 年代末民国政府决定定都南京后，随之而来的是城市快速发展刺激大量的建设，掀起了“中国文艺复兴”建筑的热潮，即以中国传统大屋顶为“中国固有形式”营造当代所需的新功能。

图 2–18　浙江兴业银行

图 2–19　大新公司

图 2-20　百乐门

图 2-21　大陆银行

中国南方以广州为中心的其他城市，所受的现代主义思想影响明显要大于北方。原因是 20 世纪二三十年代的大部分时间，北方一直动荡不安，现代主义思想和材料流通较多的外国租界在南方居多，不过这些因素也无法阻挡现代主义思想对北方建筑的影响。事实上，20 世纪 30 年代北方的许多城市已经实行了现代主义。罗邦杰在 1935 年设计的位于青岛的大陆银行就具有明显的现代主义建筑特征。再往北上，靠近北京的天津自 20 世纪早期起就受到了外国文化的影响。到了 20 世纪 30 年代，随着本地建筑师作品的出现，天津的新古典主义建筑风格逐渐向现代主义风格转变，例如，1934 年由沈理源设计的新华信托储蓄银行和由穆乐设计的利华大楼都是典型的现代主义建筑。

20 世纪 30 年代之后，是中国建筑师设计作品体现现代与古典共处一体的特征的

图 2-22　新华信托储蓄银行

图 2-23　利华大楼

时代，表现了中国建筑师在这个时期矛盾的文化心理。中国式的折中主义在现代主义思潮的影响下，开始不断演化、深化，创新、理性、功能等理念逐渐为中国设计师所把握和推崇。

这些设计师的建筑作品是他们建筑思想最有力的传播途径，上述众多现代建筑尽管多数带有局限性地诠释现代主义，但对于现代建筑的形成以及现代主义建筑理论的广泛传播，都起到了创造声势的作用。现代主义建筑也从“实用的需求”开始历经与民族主义建筑思想的并行，又通过商业化的洗礼，牢固地占据了高地。

三、包豪斯在中国的渗透

如果说 1919 年包豪斯的成立标志着现代主义运动开始走向成熟，那么 1933 年包豪斯被纳粹关闭后，其主要成员走出去后促进了现代建筑思想的国际性传播，尤其是对美国建筑产生了极大的影响。1937 年，格罗皮乌斯受聘于哈佛大学建筑研究院，密斯·凡·德·罗也于同年主持了伊利诺伊理工学院建筑系。

包里克是包豪斯毕业生，在包豪斯被纳粹关闭后，他只身一人来到战前的上海，将包豪斯的建筑精神在中国的建筑、城市规划中实现。他在参加“大上海都市计划”的同时还主持制定了闸北区的重建规划及其行政与商业中心的详细规划。

以汪定增、黄作燊、冯纪中、陈占祥、金经昌等为代表的于 20 世纪 30 年代后期和 20 世纪 40 年代留学归国的建筑师，更直接地带回了西方最新的现代建筑思想和现代城市规划思想。而包豪斯的现代主义建筑思想在上海真正的大规模传播始于 1942 年上海圣约翰大学建筑系的创办。当时黄作燊应杨宽麟之邀，创办圣约翰大学建筑系，作为格罗皮乌斯的第一个中国学生，他的身边聚拢着一群有可靠经验的朋友，例如，曾担任城市规划和室内设计师的包豪斯毕业生包里克，还有西方建筑系教授兼建筑师海耶克。黄作燊在建筑系创办伊始就试图引进包豪斯式的现代建筑教学体系，强调实用、技术、经济和现代美学思想，使其成为中国现代主义建筑的摇篮，开创了中国全面推行现代主义建筑教育的先河。

圣约翰大学建筑系得以体系化发展后，它的影响不仅反映在圣约翰大学建筑系的人才培养上，也反映在一系列建筑作品中，包括“大上海都市计划”的制订上。20世纪50年代黄毓麟设计的同济大学文远楼的建成，实际上是包豪斯的设计思想在中国已逐渐走向成熟的标志。包豪斯在上海的这段历史折射出了中国建筑与世界建筑接轨的事实。

综上所述：在1920年至1930年间，现代主义建筑概念在中国基本生成，它由外国建筑师首先引入国内。他们设计的建筑使中国人完成了由“摩登建筑”认识向“现代建筑”概念的转换，这标志着中国建筑界和普通百姓对现代建筑从形式到内涵的认识深化过程。南京中央大学1931级学生何立蒸在1934年的《中国建筑》杂志上发表的《现代建筑概述》最有代表性，该文较为完整地概括了现代建筑思想的七点基本特征：“1. 建筑物之主要目的，在适用；2. 建筑物必完全适合其用途，其外观须充分表现之……3. 建筑物之结构必须健全经济，卫生设备亦须充分注意……4. 须忠实地表示结构，装饰为结构之附属品……尤不应以结构为装饰，如不负重之梁、柱等是；5. 平面配置，力求完美，不因外观而牺牲……6. 建筑材料务取其性质之宜，不摹仿，不粉饰；7. 对于色彩方面应加注意，使成为装饰之要素。”[1] 童寯也曾在文章中多次使用“现代”“现代主义”等词。他说：“无须想象即可预见，钢和混凝土的国际式（或称现代主义）将很快得到普遍采用……

图2–24　同济大学文远楼

[1] 何立蒸：《现代建筑概述》，《中国建筑》，1934年第2期。

不论一座建筑是中国式或是现代式的外观，其平面只可能是一种：一个按照可能得到的最新知识做出合理的和科学的平面布置。作为平面的产物，立面自然不能不是现代主义的。”[1] 这一系列文献表明，随着现代建筑思想的宣传与介绍，现代主义所提倡的真实反映内部功能以及真实表现结构和材料的理性主义建筑观已经开始被中国建筑师所理解和接受。

现代主义建筑师勒·柯布西耶在《走向新建筑》中宣称：“凭着轮船、飞机和汽车的名义，我们要求健康、逻辑、勇气、和谐、完善。”柯布西耶以机器立论的潜台词是：把建筑作为一种工具和机器，从而导向他的机器美学。20 世纪 30 年代，同样以机器立论的文字也频频出现在中国建筑师的著述中。童寯认为：“中国建筑今后只能作为世界建筑的一部分，就像中国制造的轮船、火车与他国制造的一样，并不必有根本不相同之点。”卢毓骏也认识到：“凡一切艺术除内容与技巧外，工具实为重要之问题，科学发达始能发明工具，有工具方不至于文化滞流。试从形式方面而言，欧美因科学发达而工商业发达，而机械发达，不得不讲求工作效率之增加，而努力于工商业建筑之改进。自第一次欧战后，机械化思潮更影响于欧洲现代建筑，如‘房屋为住的机器’，‘营造须标准化、国际化、大量生产化’等语之提出，今日且已一一实现，如立体式建筑、合拢式建筑（即指建筑各部分可以从工厂中购现成者）均为吾人所目击而发生惊叹者。”上述论述可以看出，机器美学精神已经进入了中国现代主义建筑先驱者的建筑思想与观念体系中。[2]

1936 年，由商务印书馆出版了勒·柯布西耶《明日的城市》，由卢毓骏翻译，他在序言中坦陈：“现在是机器的时代，从前不可能的事，现在不可能三字已无形消灭。”机器时代的精神，是几何形体，是秩序与准确，是事事物物有详细划一的规定……有着这种详细划一的规定，大量性生产才能实现。

随着大批受过欧美现代主义建筑洗礼，又具有创新精神的中国建筑师的成长，其理性精神、建筑价值也向着普遍性、世界性倾斜。中国的重要城市中，国际式的建筑数量不断增加。现代文明的首要因素——机器，不仅在进行自身的标准化，也

[1] 童寯：《建筑艺术纪实》，《童寯文集》，中国建筑工业出版社，2000 年。
[2] 邓庆坦：《中国近、现代建筑历史整合研究论纲》，中国建筑工业出版社，2008 年。

在使整个世界标准化，我们不必感到奇怪，人类的思想、习惯和行为正逐日调整以与之相适应。

由此可见，现代主义建筑实践与理论的发展已经为中国基于工业产品的现代主义设计思想的萌发打下了扎实的基础，同时又奠定了审美范式，即“形态追随功能”，“机器美学”进入工业产品设计师的思想与观念体系中。在中国传统观念中，功能、技术只能属于“形而下”的范畴，与意义世界无关，只涉及生活的浅表，中国现代主义建筑的实践同时催生了以后历时长久的、以各种形式表现出来的工业设计实践和思想。

第四节　民族资本企业的设计想象力

在中国工业化的进程中，民族资本表现活跃，也较早地体会到以现代主义设计的思想来增加产品竞争力的真谛。与早期仅热衷于引进和使用欧洲产品的青涩表现不同，民族资本看到了建立工厂企业、创建自身品牌、拓展国内市场会带来的利益，利用当时政府推进中国社会工业化的契机，纷纷开始各自的工业设计历程。

囿于自身的经济实力和当时的社会环境，民族资本企业在投资较小的轻工业、食品等领域较有建树，品牌创建符合中国人的文化习惯。这还不是真正意义上的工业设计，但不可否认已经切入工业设计的外延。作为工业设计直接应用对象的工业产品设计在这个时期鲜有成果，但在其相关领域，例如，工业产品的品牌设计、传播和包装设计方面已经结出丰硕的成果。

在近代中国，国人的爱国之心一度成为民族工商业产品宣传的契合点，众多本土品牌借助爱国情感和对新生活形态的把握，使企业得到迅速发展。

著名的五洲固本皂问世之初，与竞争对手洋商祥茂肥皂强弱悬殊。当外商采用倾销手段时，创始人项松茂甚至启用“以血（人造血）补皂”的政策以维持生产。五卅运动爆发后，五洲固本皂厂利用人们的民族爱国情感进行广告宣传，在广告中正

图 2-25　五洲固本皂广告

面宣传购买国货。“大国耻（屈辱外交），用人民的血来洗；小国耻（洋货泛滥），用五洲固本皂来洗。若用外国皂洗，便是增加小国耻。”五洲固本皂厂把使用国产肥皂的行为提升为爱国主义的实际行动，结果使得产品出现了供不应求的盛况。[1] 此时，项松茂因势利导，全线出击，致使祥茂被迫停机停产。

20 世纪 30 年代是中国民族企业大量涌现的年代。1933 年，由石永锡、冯义祥、窦耀等 13 人组成了梅林罐头食品股份有限公司，以“金盾”为商标。梅林牌的“梅林”二字象征严冬已过春天来临时梅花盛开的树林，寓意艰苦创业的精神。盾牌作为欧洲企业或家族徽记的基本设计要素曾在一个时期内大量出现。梅林牌以充满欧洲设计元素的盾牌作为注册商标，显示了品牌希望通过西方式的审美特征赋予品牌现代、高档的品质感，同时也展示了梅林对于自己的罐头产品质量过硬的自信——有如盾牌般坚不可摧的金字招牌。其产品早期绝大多数为出口，商标为全英文，在“金盾”图样中有明显的“MALING”字样，下方红色的英文写着“THE BEST QUALITY”。虽经历史蹉跎，但梅林的品牌与商标得以保存。后来为适应审美需求，简洁直白的梅林商标仅仅做过数次小幅的修改，以使商标看起来更紧凑挺拔。

[1]　左旭初：《中国老字号与早期世博会》，上海锦绣文章出版社，2010 年。

图 2-26　20 世纪 30 年代，梅林罐头食品股份有限公司的工厂

钟牌 414 毛巾创建于 1937 年，前身叫作中国萃众制造股份有限公司，是中国国货公司的老板李康年与人合资兴办的，原厂址在上海的胶州路 273 弄 110 号，主要生产毛巾、被单、台布等产品。李康年是一个有着强烈市场意识的老板，在 1940 年他自己的产品开始生产以后，便开始动脑筋。他认为只要产品的商标定下来，人们就会了解这个品牌，好的销量也就不成问题，所以他开始广泛地征集商标。在众多的来信中，一个用“萃众”二字巧妙设计的大钟吸引了李康年的注意力，其含义是钟牌产品“发之有声、声宏广传、一鸣惊人、到处皆知”。毛巾上市以后，由于大家对钟牌的认识度不够，所以毛巾少有问津。面对这种情况，李康年为了解决销售商不肯进货的难题，决定送毛巾请大家试一试。久而久之，毛巾的货号就成为上海

图 2-27　20 世纪 30 年代，梅林罐头食品股份有限公司工厂的实罐车间

图 2-28　20 世纪 30 年代，梅林罐头食品股份有限公司工厂生产用的脱壳脱粒机

图 2–29　钟牌 414 毛巾商标

图 2–30　冠生园药制陈皮梅外包装纸

话“试一试”的谐音“414”，而“414”也很快成了这个毛巾的商标。“柔软耐用、拔萃超众”是钟牌 414 毛巾的广告语，前面四个字说明毛巾的质量很好，而后面这四个字说明毛巾出类拔萃，八个字的广告语使人印象深刻。另外，“414”也被人们音译为“使一世”，给了毛巾很高的评价。

冼冠生原名冼炳成，因为其品牌冠生园而改名。品牌创立之时，他请人设计了别具一格的外带圆圈花边的篆体汉字“生”作为自己的产品商标，有生生不息之意。只选用“生”字是为了方便消费者辨识品牌。商标的图形线条简洁明快，主题鲜明突出，图案中心为红色圆形和白色的篆体“生”字，周边为一圈拧紧的红色绳子，意为国民团结一致，力尽一处，向前迈进。冠生园巧妙地迎合了特定时期下消费者的心理，以圆形的商标代表圆满、团圆之意。在中国人眼中，没有什么比办事圆满、举家团圆更重要的，因此那时大多数企业都使用圆形标志，想要做大做强的冠生园当然也不例外。红色也是中国人喜欢的颜色，商标的红色更增添了一份喜气和红火。标志整体具有一定的设计感，在当时来说是相当出色的设计，即使到今天很多牌子的商标也无法超越。冠生园现在的标志去掉了外面的一圈绳子，留下了中间红底白字的“生”字，简洁明了，既保留了老字号的特色，又符合时代的审美。

冠生园作为一家诞生于民国年间的品牌，比较之后发现，除非大力投放广告，不然企业定无生路，于是不惜花费巨资，经常举办活动以宣传品牌。1934 年冠生园在大世界举办月饼展销会，还特邀当时的电影皇后胡蝶到场剪彩，并在特制大月饼前留影，推出了“唯中国有此明星，唯冠生园有此月饼”的广告词，成了冠生园最

图 2-31　冠生园各类月饼产品

令人瞩目的宣传亮点。

民国初年，随着商品经济的快速发展，一种新型的商业美术作品，开始以全新的方式出现在人们面前，那就是被称之为月份牌的新型画种。月份牌是一种配有节气与月历的宣传画。当时，各商家赠送月份牌已经蔚然成风，它为越来越多的中外企业所青睐，因为它能直接反映各种阶层喜闻乐见的现实生活，为商品经济的发展起到推动作用。

从形式上来看，月份牌的主要描绘对象都是仕女、风景等，在画面侧面或下面印制月历；而本应是广告主要宣传信息的商品，则经常是零落地出现在画面的角落。这种商品与主画面疏离的设计构思与现在的商业广告设计方法背道而驰，但在当时却深受欢迎。因为当时的月份牌不仅是一张广告，更是一件室内装饰品，广告的性质反而退居其次，这让月份牌的装饰性功能得到了充分展现。

在内容的选择上，初期月份牌的创作元素全都来源于中国，只是不同时期的题材各有特点而已。初期的题材丰富广泛，从历史掌故、民间传说到时装仕女，无所不包。自民国元年后，随着中外工商业的竞争日益激烈，月份牌的题材明显地反趋单一化，大多是时装美女类。

20 世纪初，摄影、电影等西方艺术相继传入上海，既造就了中国的电影，也造就了一大批家喻户晓的中国电影明星。例如，亚洲影后胡蝶、悲剧明星阮玲玉、影唱双星周璇等。她们都是中西合璧的艺术化身，也是商业美术的题材、内容等创作灵感元素的源泉。从她们身上的明星特质中，商家挖掘到了潜在的巨大商业价值。因而，她们的靓影也成了商业广告画的主要描述对象。这使月份牌的画家们领悟到，中西合璧的艺术效果往往更具魅力。

图 2-32　著名的老上海月份牌（1）

图 2-33　著名的老上海月份牌（2）

从商业传播需求方面看，月份牌的诞生终于使国内外商家找到了理想的广告表现手法。月份牌既有传统工细画法的特征，又有立体效果，且画面效果清晰明亮，很符合一般消费者的审美。

从月份牌的产生过程来看，无论是商家还是消费者，对月份牌的肯定是一个渐进的过程。开始的时候，外国驻华洋行和贸易公司直接在国外印制一些欧美油画及风景的画片，然后再将画面配以商品广告词，以此作为广告宣传品，运到中国后大量赠送给国内的经销商和消费者。但实际市场证明，这种包装十分洋气的广告宣传品的促销效果并不理想。因为在当时，中国民众对西方文化并不很了解，“看到洋广告画上的外国洋装美女，个个画着细长的眉毛，抹着灰蓝的眼圈，搽着鲜亮的口红，高鼻凹目，袒胸露臂，真如见了《西游记》中的白骨精一般扎眼，哪肯接受。”这段《上海外贸史话》中的描述生动地表现了这种情况。而生产毛巾的三友实业社推出的月份牌广告通过融合中西生活方式，表现了“摩登”的生活情调，为产品打开了销路。

从设计意识和民众对话信息的接受度上看，西方艺术造型观念的引入，以及伴随而来的一系列设计上的变化——包括外国产品、商品的设计与包装、新广告的开发和使用等，自然而然会引申出一个民族的认同问题。例如，在月份牌中出现了英语广告词，画中又包含了中式或西式的女性形象，代言的是西方公司的产品等。上海民众在享受便利、欣赏月份牌之余，又将西式的生活风格融入了自己中式的家庭风格之中。

月份牌的设计构思也是很独特的。一方面，由于借鉴的许多画法和文艺复兴时期的画法很相似，在设计原则和处理方法上非常西化；另一方面，月份牌中的人物和装饰图案等主题元素又都是中式的，这是非常特殊的现象。这两条线并行发展成熟，便形成了中国独特的商业广告风格。这在全世界独一无二，毫无疑问是中国人的创举，也是世界平面广告设计史上鲜亮而浓重的一笔。而在报刊插画与招贴广告方面，主要受到法国新装饰主义风格的影响。以法国工艺美术家朱尔斯·查尔特和奥地利分离派画家劳特累克为代表，他们继承洛可可风格的传统，又受布歇、华托等画家的影响，发展了一种直接应用于商业美术的新艺术式样，那就是法国式招贴画。其风格强调速写式的曲线与轻快的色块涂抹，注重人物轮廓线与动态，是现代广告招贴画的先驱。这种画风形式一经传入中国，也立即为中国的商业美术家们采用，广泛用于报章杂志，传遍了街头巷尾。

商业美术这一新兴的艺术，随着西洋画的造型观念逐渐深入人心，在民国时期不断演进。虽然从产生、发展到消亡的整个过程，历时不过短短几十年，但在这一过程中，许多艺术家都在不断地接受西洋画艺术观念的洗礼与考验，而广大民众则在这个日益变化的世界里，享受着商业时尚与繁荣带来的世俗快乐。

图 2–34　三友实业社推出的月份牌广告

图 2-35　著名设计教育家、艺术家丁浩教授于民国时期所绘的平面广告（1）

图 2-36　著名设计教育家、艺术家丁浩教授于民国时期所绘的平面广告（2）

图 2-37　著名设计教育家、艺术家丁浩教授于民国时期所绘的平面广告（3）

市场对低技术产品的需求，使得中国具有率先形成轻工业产品与品牌的先天优势。其中，轻工业以日用品为主体，由传统的食品行业和新兴的加工业为代表的两大实业率先发力。纵观此时各企业已经显现出简单的品牌愿景，通过对品牌名称和图形的再三推敲，使品牌内涵可以尽可能地被消费者认知。在传播还并不发达的年代，对品牌的精准传达在很大程度上影响着品牌的发展，因此，这些老品牌往往将美好的意象寄予在能够表现中国文化的词语中，为消费者勾勒出使用产品的语境。

表现形式上则采用“以形载道”的方式，使传统美学绽放异彩。大多品牌承袭了传统中式匾额中的字体，以行云流水般的风格，赋予品牌更大范围的市场认知。各企业虽开始讲求市场化的经营，在“中学西用”的环境下部分参考西方的生产方式，但仍强调其民族血统。中国的民族实业家们在接触了众多国外品牌后，深入研究西方商业品牌的构成要素，使得后期诞生的品牌更多地融入了现代设计的要素，同时使设计的功能发挥得淋漓尽致。

图 2-38　收藏于中国工业设计博物馆的华生牌电风扇

华生牌电风扇的设计是当时稀有的产品设计案例。其创始人杨济川 16 岁时从江苏丹徒的乡下老家来到上海的一家布料店当学徒，并在三年的时间内当上了账房。具备一定电器相关基础知识的杨济川认为，自己身为中国人，不应该只推销外国人的东西，应当研制出一些属于中国人自己的电器产品。于是他与同样对电器研究感兴趣的布料店营业员叶友才和木行跑街袁宗耀这两位好友，着手准备一些家用电器的研发。研发需要资金的支持，于是他们找到扬子保险公司经理、苏州电灯厂的大股东祝兰舫商谈。祝兰舫要求他们先研发出一款有足够说服力的产品，再进行下一步的考虑。借由一定的市场考察，杨济川和叶友才等人打算借鉴当时市场销量最好的奇异牌电风扇来研制一款产品出来。

奇异牌电风扇的设计沿承了彼得·贝伦斯（Peter Behrens）设计的 AEG 电风扇。1907 年，著名的德国工业同盟成员彼得·贝伦斯为当时德国最大的电器工厂——德国通用电器公司（AEG）设计电风扇时，主要从产品的使用功能需求出发，用标准零部件进行组装，形成可以用机器大批量生产的产品，属于典型的现代主义设计，电风扇的基本造型风格也由此确定。

奇异牌电风扇是基于工业化生产的，组成部分皆为标准件，易于拆解和组装，加上已有的良好市场销量，令杨济川等人决定将奇异牌电风扇作为教材，自行寻找

图 2-39　设计师彼得·贝伦斯

图 2-40　AEG 电风扇

图 2-41　AEG 企业标志

铸铁翻砂，油漆等厂家，结合他们自己的电器研制技术，制造出了中国第一台自行制造的电风扇。祝兰舫看到后十分满意，同意为其投资，于是，借由祝兰舫的投资，于 1924 年开始批量化生产电风扇。他们为自己的电风扇取了与自己厂名相同的“华生”，寓意“中华民族自力更生”。该产品为欧美工业设计思想进入中国起到了桥梁和引领作用。

第二篇

『产品链』打造时代
中国工业设计的探索

第三章
中国工业化思想的初步实践

为了解决旧中国遗留下来的工业基础极为薄弱、工业部门残缺不全、工业布局极不平衡的问题，毛泽东明确提出一定要建立中国自己完整的工业体系和国民经济体系的目标。独立完整的工业体系是“能够生产各种主要的机器设备和原材料，基本上满足我国扩大再生产和国民经济技术改造的需要。同时，它也能生产各种消费品，适当地满足人们生活水平不断提高的需要”的工业体系。至此，促使中国工业设计发展的要素中，增加了一个新的强有力的政策要素，可以认为建设中国完整工业体系和国民经济体系的目标是其发展的催化剂。

从具体的情况来看，随着社会主义工业化理论的形成，首先确定了发展重工业的思路，为此必须引进新的技术，而苏联等当时的东欧国家已经成就的重工业技术和产品乃至工业体系成了我们唯一的选择。

随着苏联援助的重点项目的实施，一些重要的终端产品设计问题已提上议事日程，但由于我们认知水平的局限和技术体系的不完备，因此更多的是在引进技术中尽可能地做一些具有工业设计意义的探索，这一阶段可以看作是中国工业设计的“自发”期。具体表现是针对某一件产品，在以实施制造为目标的过程中，中国的工程技术设计团队会比较自发地将自己的工作范畴做适当扩张，努力涵盖工业设计领域。这些团队中的部分人员，特别是在欧美留学后归国的工程技术人员具有较强的工业设计意识和较高的人文素养，因此在具体的产品设计制造过程中会将两部分工作有机地融合起来。由此决定了这一阶段的工业设计工作具有较强的工程属性，而工程属性又决定了当时的中国工业设计是以“实践智慧”为主要特色导向。中国工业设计中的“实践智慧”属于诸葛亮式的智慧，也可以认为是一种有限性智慧，即在有相当多的限制条件下，以解决当时、当地特定的问题为目标。中国工业初创时期，在没有形成工业产品链的情况下，用这种方法应对某个需要立即投产的产品还是有效的。尽管这种“实践智慧”在以后中国工业设计的各个发展阶段中拓展了更多的外延，但其本质没有变化，作为中国工业设计的基因一直代代相传。

可以认为在中国工业化思想初步实践阶段，“实践智慧”的理论起到了强化中国工业设计发展的作用，为其发展提供了最有利条件；引进苏联的技术和产品为中国工业设计力量的发挥提供了平台；另外对现有传统手工业、工艺美术行业进行整合，使其服务于工业化发展的目标，它是中国完整的工业化体系中生产各种消费品，满足人民生活基本需求的直接途径。在这次整合中，传统手工业、工艺美术行业乐于接受大工业生产的组织方式，自觉地更新原有的设计方式，尤其是在强调设计的“实践智慧”方面二者具有罕见的一致性，因此没有发生理论上的分歧，但从实际结果来看，传统手工业、工艺美术行业的设计已经具有了某些工业产品设计的特点。

第一节　社会主义工业化理论初现端倪

1949 年 3 月，中国共产党在河北省平山县西柏坡举行了七届二中全会，毛泽东阐述了共产党在民主革命向社会主义革命转变时期的经济纲领，提出全国革命胜利后经济建设的总目标，即建立独立完整的工业体系，使中国由落后的农业国变成先进的工业国，把中国建设成伟大的社会主义国家。这是毛泽东《在中国共产党第七届中央委员会第二次全体会议上的报告》中最早提出的社会主义工业化思想。1949 年 6 月，毛泽东在《论人民民主专政》一文中指出，人民民主专政国家，必须有步骤地解决国家工业化问题，中国必须在工人阶级和中国共产党领导下稳步地由农业国进到工业国，由新民主主义社会进到社会主义和共产主义社会。以上两个报告构成了中共中央在1952年提出的党在过渡时期的总路线的政策基础，即“要在一个相当长的时间内，逐步实现国家的社会主义工业化，并逐步实现国家对农业、手工业和资本主义工商业的改造”。七届二中全会报告中表述：当时中国的现代性工业产值只占国民经济总产值的10%左右。而1949年燃料工业部、重工业部曾召开工业建设会议，当时重工业产值仅为37亿元。当时的工厂使用的装备简单，而重大国防装备则以各种缴获的武器为主，以至于让中共中央下决心提出了“三年准备，十年计划经济建设”的指导思想，并决定从1953年开始实施中国经济建设与社会发展的第一个五年计划，毛泽东主张以重工业为中心。

1953年元旦，《人民日报》发表《迎接一九五三年的伟大任务》的社论，提出1953年是中国第一个五年计划的开端。1954年9月周恩来在第一届全国人大代表会上做《政府工作报告》，报告指出第一个五年计划要集中力量发展重工业，即冶金、燃料、化学、动力、机械制造工业。我国原有的工业基础很薄弱，为了实现国家现代化，必须依靠新的工业，特别是重工业的建议。1955年7月，第一届全国人大第二次会议通过了《中华人民共和国发展国民经济第一个五年计划》，称作“一五”计划。从实际执行的情况看，工业投资占国家对工农业基本建设投资的85.7%，工业投资

图3-1　中华人民共和国成立初期，我国机械工业使用的主要工艺设备——皮带车床

图3-2　1950年，上海虬江机械厂（上海机床厂前身）制造的虬13式万能工具磨床

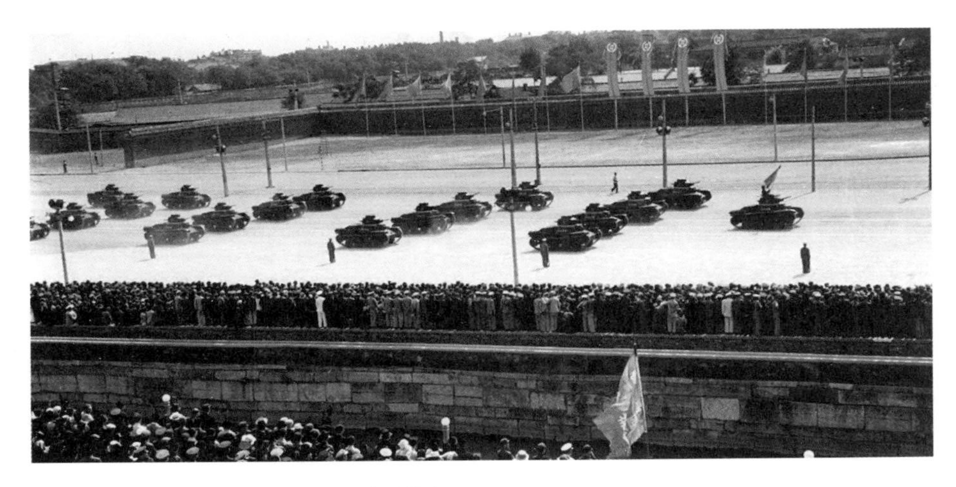

图 3-3　1949 年开国大典上中国军队的装备

中轻工业投资占 14.97%，重工业投资占 85.03%，这种情况反映了当时优先发展重工业的思想。

第二节　苏联工业产品向中国的转移

"一五"时期，苏联帮助中国设计的"156 项工程"都关系到国民经济的命脉，包括建立和扩建电力工业、煤炭工业和石油工业，建立和扩建钢铁工业、有色金属工业和基础化学工业，建立起制造大型金属切削机床、发电设备、冶金设备、采矿设备和汽车、拖拉机、飞机的机器制造工业等。"一五"时期以重工业为中心的经济建设，改变了我国工业部门残缺不全的局面，奠定了我国工业化的初步基础，为国民经济进行技术改造奠定了物质技术基础。与历史上任何时期相比，"一五"时期是中国工业化进程发展最快的时期。

为了建设"156 项工程"，苏联机构和人员参加了地质勘测和厂址选择，搜集基础资料，确定企业的设计任务书，进行各个阶段的设计，提供机器设备，指导建筑施工、设备安装和调试，提供产品设计和技术资料，培养技术管理骨干，直到中方人员掌握生产技术。中方重视在各个环节向苏联学习，使得科研、设计、生产工艺和设备制造等方面的能力随着设备和技术的引进、消化而逐步提高。这样，苏联工业技术就大规模地转移到了中国。[1]

通过援建项目的成套设备、工艺资料和其他技术资料，苏联直接向中国提供了重型机器设备、机床、量具刃具、动力设备、发电设备、矿山机械、采油设备、炼油设备、汽车、履带式拖拉机、仪表、轴承、开关、整流器、胶片、重型火炮、坦克、坦克发动机、米格喷气式战斗机、飞机发动机、火箭等产品的设计及其制造技术，以及合金钢、石油产品等加工技术。东欧国家提供了仪表、无线电零件等产品设计和制造技术。另外，苏联还通过科学技术合作和其他渠道，向中国提供了机床、汽车、拖拉机、动力机械、铁路机车、电工器材、兵器等产品的设计或制造工艺资料并帮助培训了技术人员。其中，大多数产品是中国过去没有的类型与规格，或者即使有，也很落后。前往苏联斯大林汽车工厂学习的中国汽车工人和技术人员在每一个岗位都有一名苏联专家指导，通过具体的操作逐步熟悉了各个关键工序。

20 世纪中期以来，中国一直在学习国外的设计制造本国的新产品。中国共产党第八次代表大会的决议要求自行设计产品。

为了建成一个基本完整的工业体系和推进国民经济的技术改造，在重工业部门

图 3–4　左为苏联斯大林汽车工厂车身车间主任那果洛夫，后任长春第一汽车制造厂总工艺师，中为张朋，右为陈云祥

[1] 张柏春、姚芳、张久春、蔡龙：《苏联技术向中国的转移》（1949—1966），山东教育出版社， 2004 年。

中，必须集结和壮大设计新产品的力量，增强制造能力，并且逐步地推行生产标准化，加强专业协作和配合，以提高我国的技术水平。在今后一个时期内，对于主要工业产品，特别是国家建设和国民经济技术改造所必需的技术设备，应当……逐步达到能够自行设计和制造的目的。在这个过程中，一方面需要广泛地吸收苏联、各人民民主国家和世界上其他国家最新的科学技术成就，另一方面又需要密切地结合我国的自然条件和经济条件，设计和生产适合于我国具体需要的新产品。[1]

在基础工程设备方面，“一五”时期，机械工业在引进苏联技术和测绘学习的基础上发展了 4 000 多项新产品。“156 项工程”所需设备，由国内机器制造厂供货的比重，按重量计算是 52.3%，按金额计算为 45.9%。由国内完成制造的设备中，大部分由苏联供给产品图纸。到了“二五”时期，中国为新建项目制造配套设备的能力显著提高，减少了对有些苏联设备的需求。[2] 特别是在电站建设方面，这种问题

图 3-5　长春第一汽车制造厂关键技术的发动机汽缸车间

[1]　中共中央文献研究室：《中国共产党第八次全国人民代表大会关于政治报告的决议》，《建国以来重要文献选编》（第 9 册），中共中央文献研究室编，1956 年。

[2]　张柏春、姚芳、张久春、蔡龙：《苏联技术向中国的转移》（1949—1966），山东教育出版社，2004 年。

尤为明显，以至于出现了 1962 年以后苏联计划供应的电站设备数量比中方要求的多 1~2 倍的情况。在这种配套制造工作中，中国工程团队进一步培养了自身能力，同时也迅速带动了各种工业装备产品设计的改良与发展，增加了自信心。大量的基础建设为重工业的发展夯实了基础，在电站建设中越来越多地采用了国产设备，画家丁浩为此自豪地画下了表现更快建设安装国产设备电站的速写。

产品图纸并不是设计技术的全部，但它为学习苏联产品设计提供了基础。在终端产品设计方面，中国技术人员通过消化苏联的产品设计和相关资料，甚至测绘进口的苏联机器设备，分析和揣摩苏联的设计思想和方法，并以此为参考设计出一些新产品。同样，中国技术人员也学习了已经引进的产品制造工艺，将其用于制造类似的产品。

各企业不断学习苏联的技术和经验，用以完善生产组织。比如，机器厂学习苏联高速切削技术，并创造了多刀多刃法，使车床切削速度由以往的每分钟 10 m 左右，提高到 50~80 m，大大提高了工作效率，降低了废品率。铸造方面，有的企业推广苏联先进生产组织阶段分工制，冲天炉改装三排风口送风，铁水温度平均提高 20℃ ~30℃，普遍提高了铸件质量和产量，铸件废品率下降。有的企业推广苏联的锻造快速加热法，普遍缩短了加热时间一半以上。有的企业还学习了苏联的席乐夫高速钻孔法、电火花加工法、金属喷镀法等。有的冶金和采矿企业采用了苏联的快速

图 3-6　表现更快建设安装国产设备电站的速写

图 3-7　学习苏联先进技术后大大提高了工作效率，降低了废品率

图 3-8　引入苏联设计图纸后形成国产生产线的机车工厂

炼钢法、设备快速检修法等，提高了生产率。

通过技术实践和消化苏联提供的技术资料，中国的企业和设计机构形成了重要产品的设计能力。1957 年，哈尔滨电机厂设计了 10 000 kW 的水电设备；上海三大动力设备厂在捷克斯洛伐克图纸的基础上设计了 2 500 kW、6 000 kW、12 000 kW 汽轮发电机组；大连机车车辆厂设计了 1 个导轮、5 个动轮、1 个从轮，轴式为 1-5-1 的大型货运机车，大大提升了运力。

虽然是产品引进，但也需要专业的人才发挥作用。在中国汽车设计制造历史上产生重大影响的专家，大都有欧美留学的经历。孟少农（1915—1988）先后毕业于清华大学机械系和麻省理工学院汽车专业，在美国福特汽车公司和司蒂倍克汽车厂实习工作，1946 年回国任清华大学副校长、教授。他提出要将美国工厂搬到中国，

图 3-9　留美学习期间的孟少农（右一）

图 3-10　第一批解放牌 CA10 型载重汽车驶出工厂

开发小轿车，并在后来成功领导了长春第一汽车制造厂（下简称一汽）解放牌载重汽车和红旗牌轿车的开发，同时又负责陕西汽车厂和第二汽车制造厂的几代产品的研制和开发，为中国汽车工业的发展做出了不可磨灭的贡献。第一批解放牌 CA10 型载重汽车驶出工厂，标志着中国不能批量生产汽车的历史从此结束，而解放牌汽车的诞生，同时也开启了中国汽车设计的历史。张羡曾 1936 年毕业于天津北洋大学，1945 年赴美留学，其间，他接触到大量先进的汽车知识。他明确指出：学习与模仿在一定的历史阶段是必需的，最终还是要回到自主创新和研发上来，只有创新，才可以赋予产品灵魂，也唯有有灵魂的产品，才能打造出有价值的品牌。支德瑜早年毕业于浙江大学，曾赴曼彻斯特大学学习机械工程及材料热处理，后在克劳斯雷兄弟公司实习和工作，回国后在一汽工作，和杨南生分别负责材料强度与汽车用料。张德庆（1907—1977）1933 年毕业于交通大学机械工程系，后赴美国、德国留学和实习，并于美国普渡大学获硕士学位，1952 年任重工业部汽车工业筹备组主任、长春汽车研究所所长。上述诸位专家在中国著名的汽车攻坚战中都发挥了重要作用。

苏联技术成功地向中国转移的关键因素之一是技术人才和技术管理人才的迅速成长。通过在中国和苏联的学校、科研院所、设计机构和企业等部门学习，一些青年技术人员得到了培养和锻炼。然而，高级人才还是满足不了实际需要。好在上述曾经留学海外的中国专家对于技术造福人民生活的路径和必要性有独特的理解，更重要的是他们在国外切身感受过工业设计的魅力，也理解先进的工业技术引进对于当时中国工业发展的迫切性，所以一旦有机会进入产品开发状态，就会自发地应用各种要素进行工业设计拓展。

第三节　自主研发与突破

我国从苏联引进技术时，并未安排引进轿车项目。由于当时认为轿车是领导人和有地位的人所使用，因此不急于发展轿车项目。但国家外事接待活动的增加及自身有限需求的提高，促成了中国轿车工业的创建。

1957 年一汽着手开发设计轿车。1958 年 6 月，一汽参考美国克莱斯勒公司 1955 年生产的 C69 型高级轿车后，于次月试制出第一辆样车。1958 年 8 月，第一辆红旗牌轿车驶出工厂，工人们兴高采烈地向政府报喜，因为有太多的技术问题需要解决，所以在外观造型方面并没有进行太多的思考。后来，在此基础上的再次设计被追认为红旗牌 CA72 型高级轿车。

1959 年 2 月，一汽开始新一轮的红旗牌 CA72 型高级轿车设计和工艺装备设计制造，有 11 个厂家提供协作部件。1961 年，一汽成立了轿车联合办公室，集中一批技术人员和技术工人解决技术难题，并开发新产品。1963 年，一汽轿车车间改为一汽轿车分厂。1964 年，红旗牌 CA72 型轿车被指定为国家礼宾用车。1965 年，一汽轿车厂转产红旗牌 CA770 型三排座高级轿车。红旗牌轿车的制造表明，中国的汽车业已经具备小批量生产高档轿车的能力。

1958 年，上海汽车装配厂选定波兰的华沙轿车底盘、美国顺风轿车造型，装用南京汽车厂参考苏联胜利牌发动机设计制造的发动机，于 9 月试制出凤凰牌轿车样车。1959 年上半年，中华人民共和国第一机械工业部（下简称一机部）要求试制中级轿车向国庆十周年献礼。上海汽车装配厂以 1956 年德国奔驰 220S 型轿车为样车，在上海内燃机厂、上海兴泰汽车机件制造厂的配合下，于 1959 年 9 月 30 日制成新的凤凰牌轿车。1960 年 8 月该厂更名为上海汽车制造厂。经过整顿技术文件和工艺、补充工艺设备，新凤凰牌轿车于 1964 年投入小批量生产，改称上海牌 SH760 型轿车。

图 3-11 第一辆红旗牌轿车出厂

图 3–12 上海牌 SH760 型轿车第一次路试

上海牌 SH760 型轿车第一次路试总体表现还不错，使试制小组人员进一步体会到了奔驰轿车设计的魅力。此后，上海汽车制造厂成为中国唯一的普通型小轿车生产基地。[1]

在日用产品方面：1956 年，天津大来照相机厂以日本玛米亚 6 型 120 照相机为参考，研制了七一牌照相机，但未批量生产。本着节约成本、实现批量生产的愿望，工厂又研制了一种简便、坚固、耐用，并且价格便宜的 120 照相机。1957 年，上海开始研制高级别的 58–I 型照相机，先参考了苏联卓尔基牌 135 照相机，后来发现它是模仿德国徕卡牌照相机，于是直接以徕卡牌照相机作为参考目标进行研制。1959 年，南京紫金山牌照相机研制成功。与此同时，上海第一批长三针 17 钻细马手表也研制成功。1958 年，天津无线电厂成功研制了 14 英寸电子管电视机，同年稍早时还研制了第一台晶体管收音机。[2]

上述这些产品设计领域广，品种繁多，但却是中国工业产品链上重要的组成部分，它们的诞生无一不是对国外技术和产品学习、技术消化的结果，虽然与“156 项工程”无直接关系，但或受益于苏联技术及产品转移打下的基础，或是在民国时期遗留产业基础上的突破。

[1] 张柏春、姚芳、张久春、蔡龙：《苏联技术向中国的转移》（1949—1966），山东教育出版社， 2004 年。
[2] 沈榆：《发现中国工业设计》，《艺术与设计》杂志，2013 年第 1 期。

第四节　整合传统求创新

中华人民共和国成立后，景德镇相继组建了建国瓷厂、人民瓷厂、艺术瓷厂、光明瓷厂、红旗瓷厂、为民瓷厂、宇宙瓷厂等十几个国营、集体陶瓷企业，概称“十大瓷厂”，产品不断推陈出新。

1952 年，由 200 多间坯房和 16 座窑场组合为公私合营的华光瓷厂、群益瓷厂、光大瓷厂；1956 年，三个厂合并转为国营第三瓷厂；1957 年，更名为新平瓷厂；1964 年，又分为新平瓷厂和新华瓷厂。1969 年，新平瓷厂更名为景德镇市人民瓷厂，是当时全国唯一的生产、经营传统青花瓷的专业厂，隶属江西省陶瓷工业公司。人民瓷厂的产品花色丰富、规格完备、品种齐全，主要有青花餐具、茶具、咖啡具、酒具、饭具等，包括碗、盘、杯、碟、缸、罐、瓶、钵、凉墩等各种器型。

景德镇市人民瓷厂生产的“青花梧桐餐具”是青花瓷中的代表产品。作为装饰主题的“梧桐”是景德镇的传统图案之一，起源于前清时期……整套“青花梧桐餐具”中的各个单品都以这一中国传统图案为装饰，丰富的文化底蕴搭配传世的青花工艺，

图 3-13　景德镇市人民瓷厂

彰显出浓郁的中国传统之美和文化内涵。“青花梧桐餐具”由数十件乃至一百几十件大小不同、器型各异的瓷器配套组成。每一件餐具单独列出来看轻巧大方，轮廓秀丽匀称；而置于整套餐具中时不仅不会显得突兀，看起来还非常和谐。这种器形组合设计的思想与中国古典园林建筑的组合集成有着异曲同工之妙，体现出中华民族特有的哲学思想。

1949 年至 1957 年是江西省景德镇市日用陶瓷生产的恢复时期。国家针对初期生产一度混乱的局面，采用了扩大加工订货、收购包销等政策，活跃了市场。从 1949 年到 1952 年，政府对“工艺美术”这类民族传统遗产十分重视，在当时没有工业和农业产品可供出口换汇的情况下按照“保护、发展、提高”的方针，让老艺人归队，对他们的生活进行安置，帮助他们恢复生产；同时各地商业、外贸部门从供应入手、积极疏通销售渠道，扶持发展日用陶瓷业；另外还组织了老艺人作品展览，进一步扩大了景德镇陶瓷业的影响。中华人民共和国成立后景德镇瓷器采用老艺人带新人的工作方式进行设计生产，由技艺精湛的老艺人负责设计纹样与器型，新人负责填色与描边。

据 1985 年出版的《景德镇陶瓷工业年鉴》记载：景德镇陶瓷总量 1949 年为 6 350 万件，1952 年为 9 022 万件，初步走上了有计划生产的正常轨道。

图 3–14　正在进行陶瓷纹样设计的老艺人

图 3–15　景德镇瓷器用老艺人带新人的工作方式进行设计生产

1954 年，一个偶然的机会给景德镇日用陶瓷科研体制的确立提供了基础。在与民主德国签订技术合作协议时，对方要求中方提供日用陶瓷生产技术。当时国内景德镇的生产技术历史最悠久，并在国内外享有很高的声誉，于是中央就将任务交给景德镇市完成。景德镇市委极为重视，决定成立“中共景德镇陶瓷委员会”，并以此为契机成立了景德镇陶瓷研究所，由市委常委、秘书长张凤岐任所长，市委常委、市宣传部长孙文洋坐镇指挥。景德镇陶瓷研究所由我国著名的冶金陶瓷专家，中国科学院冶金陶瓷研究所周仁所长主持，工程师李国桢专驻景德镇指导实施。在这个过程中，景德镇陶瓷研究所邀请了中央工艺美术学院和其他省市的高校师生来讲学、实习和体验生活、创作，同时输送专业人才到国内各高校或捷克斯洛伐克高校进修；另外还吸引了大量的高校毕业生来所工作。该项工作的成果以《景德镇制瓷技术总结》《中德技术合作资料汇编》《景德镇陶瓷史稿》等文献资料体现，完整地向民主德国及保加利亚提供了科学的档案。

通过确立科研体制、改进技术、为从业人员评定各种技术职称等，并通过驻外使馆商务人员了解到国际市场需求，景德镇陶瓷产品有了广阔的市场前景。1953 年景德镇市的陶瓷产品出口额为 2 万美元，1960 年时便达到 405 万美元，成为各产瓷区之首。

第四章
精心构筑中国工业产品链

中共中央关于建设独立完整工业体系的决策，无疑是打造中国工业完整产品链的动力之源。由突破重工业中重点项目和重新梳理原有轻工业基础开始，到恢复中国原有的传统手工业以适应人民生活的需要，第一个五年计划期间的努力和突破，始终围绕着重点创造各种工业产品这个中心展开。因为当时中国工业处在“缺重少轻”的状态下，所谓的“工业产品链”，从其形态来看，是一个环环相扣的结构，每一个环便是一件工业产品，串联可以形成互相支撑、互为前提的工业产品链，涉及工业装备、军事产品、民用产品等各个方面。如果将所有国计民生所需要的工业产品都放进这个链式结构中，并使之互相支撑、互为前提的话，那么这个链式结构就相当完善了，可以达到增强国家经济实力，提升国防实力和提高人民生活水平的目的。

因为当时中国离这样的目标还有很大的差距，所以迅速串起这个链式结构的努力和需求决定了这个时期中国工业设计的形态和特征。从其形态来看，工业设计的工作是隐性的，融合在每一件产品的具体创造过程中。从其特征来看，具有深深地“镶嵌”于技术、“融合”于工艺之中的特点。从其工作成果来看，在整个产品的开发过程中高度“黏合”技术、工艺，对最终优化产品起到了推动的作用。因此，通过进一步考察发现、消化技术，优化产品仍是这个时期中国工业设计的主要任务，而通过工业设计塑造中华人民共和国的国家形象，满足人们生活所需和创造外汇支撑国家工业化建设成为常规任务。在1959年中华人民共和国成立十周年之际，以中国创造的工业产品塑造国家形象的任务成为工业设计展现自身魅力的绝佳机会。工业产品要求能够体现“国家意志”，但纯粹靠技术和工艺肯定有所欠缺，唯有通过工业设计才能实现这一目标。因为工业设计具有通过造型、材料、色彩塑造其性格与形象的功能，这是靠任何“引进”都不能解决的问题，唯有靠自己探索，也只有具备自主意识才能承担起这项艰巨的任务。

打造工业产品链是一个漫长的过程，也是因为这个时期工业设计的工作几乎与技术和工艺设计完全融合的特点，因此常被理解为这个阶段缺少工业设计，其实并非缺位而是没有“显现”，而且此时的中国工业设计已由过去的“自发”期进入“自立”期，具有不受别人支配的设计特点。

第一节　中国工业设计“1+3”任务的轮廓

1. 在技术吸收消化中发挥作用

在20世纪60年代以前，消化吸收苏联及东欧国家的技术是我国首要任务，引进的终端产品以大型装备为主。苏联及东欧国家的装备产品一般外形笨重但结实耐用，所以59式坦克、ДТ-54和ДТ-75履带式拖拉机、歼-6型军用飞机的设计一般以功能为先导。早期工业设计不是作为一种独立的力量发挥作用的，但在消化、吸收技术的过程中它无所不在。苏联在设计载重货车时只考虑到在高纬度寒冷地区使用的要求，而一汽在设计解放牌CA10型载重货车时将前挡风玻璃设计成可开启式，在行进中使气流进入驾驶舱，为室内降温，这是考虑到中国南方高温地区的需求。东欧国家中，捷克斯洛伐克拥有较先进的机械和车辆制造技术，工业设计已融入重大机械、产品设计中。中国曾在斯柯达706R型的基础上推出了黄河牌JN150型重型载货车，这是我国第一辆重型载货车。1956年，捷克斯洛伐克汽车设计师奥尔德日赫·梅杜纳应邀来中国工作，他设计的斯柯达VOS豪华轿车被国家领导人乘坐过，因此他的到来受到了特别的关注。他应邀为长春市公交车设计了前脸造型，帮助改进了苏联发动机，使中国拖拉机功能更加完善，还到各高校讲课。在设计轻型越野

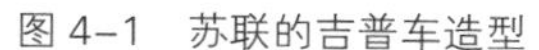

图 4-1　苏联的吉普车造型

图 4-2　美国的吉普车造型

车时，虽然有苏联嘎斯69型做范本，但中国设计师仍考虑征求部队战士和指挥员的意见。战士们认为苏联的吉普车造型和美国的吉普车造型都不可取，他们心中的汽车形象“车头应大一些，平一些”，因此在进行整体产品优化的时候，这些意见都被采纳了。从苏联引进技术并于1965年开始批量生产的东方红牌拖拉机，其意义不仅在于满足农业机械化的需要，还在于符合战时迅速转化为坦克生产的战略。种种事例表明，即便是以吸收、消化技术为主，工业设计的思想也产生了积极的效果。从另一方面看，引进、吸收优秀技术为中国工业设计的展开奠定了基础。比如，1965年诞生的北京牌BJ212型吉普车的道路通过率高，是中国部队的制式装备，也是长期以来地方政府县团级干部的公务车，其后续型产品在20世纪90年代以后受到我国年轻人的欢迎。

图 4-3　东方红牌拖拉机

图 4-4　北京牌 BJ212 型吉普车

2. 以工业设计塑造国家形象

这个时期中国工业设计面临三项艰巨的任务，其中最主要的是以工业设计创造的产品来体现中国的国家形象。

新中国成立初期，时任政务院副总理兼文化教育委员会主任的郭沫若建议组织“建国瓷”的设计和生产，一是为了保护传统工艺，二是为了“表现新中国的岁月”“创制新中国的国家用瓷和国家礼品瓷” 。郭沫若的建议得到了国家领导人的赞同，周恩来总理指示，我国作为瓷器大国应有标示新的历史内涵的新瓷器，它们要一改过去只服务于封建王朝达官贵人的状况，而要在以后的国庆典礼时摆放在人民代表的餐桌上，成为在外交场所代表国家礼仪和气度的装饰和陈设。

经中央美术学院有关领导江丰、张仃等同志商议，1952 年 9 月 1 日，中央美术学院为轻工业部初步拟定了《建国瓷设计委员会成立草案》，提出成立“建国瓷”设计委员会的意见。由“建国瓷”设计委员会副主任兼常务委员、实用美术系主任张仃教授直接指导，并由常务委员、实用美术系陶瓷科主任祝大年教授主持工作。在开始设计时，对于如何体现“国家形象”这个问题，设计师着实进行了一番研究，无论是院校来的设计师还是景德镇等地的民间艺人都一筹莫展。在悉心研究传统明清官窑的基础上，设计师将在国外学到的经验大胆融入其中：祝大年早年留学日本，曾经担任重庆中央工业试验所陶业厂厂长；郑可留学法国，1936—1937 年参加巴黎世界博览会期间深度考察了包豪斯的教育和实践，创办过“郑可美术供应厂”；梅建鹰曾留学美国。他们三人都受过系统的现代主义设计教育，带领试制班子从写生入手，简化了繁缛的

图 4–5 “建国瓷”（1）

图 4–6 “建国瓷”（2）

纹样，将缠枝莲改进为梨花、梅花等纹样。特别是梅建鹰强调借鉴西餐具的良好功能，将水彩画风格、油画风格融入其中，同时保留青花的工艺特色。在这个过程中，周恩来总理特批借调千余件故宫收藏的陶瓷供研制参考，最后经过三个多月的努力终于成就了“建国瓷”。“建国瓷”设计风格清新、简洁，没有历史上官窑的繁复，器皿形态也根据现代生活的要求进行了更新，显示出设计师对传统工艺的深刻理解，更体现了设计的创新精神。

1953 年国庆前夕，第一批“建国瓷”50 个品种完成，经过北京历史博物馆陈大章、故宫博物院沈从文共同鉴定确认品质。1959 年以后，“建国瓷”一直作为人民大会堂餐具和驻外使馆用餐具，共计 73 566 件，其中景德镇烧制 24 531 件，包括中西餐具、茶具、咖啡具、烟酒具、花瓶、花盆及其他纪念礼品。

难能可贵的是，设计小组的设计工作拓展了民间艺人的设计手法和工艺手法，革新了传统的制作流程以及生产管理方法，为生产可出口创汇的陶瓷奠定了良好的基础，直接促成了既能够适应国际市场需要，又具有浓郁中国风格的产品产生，增强了产品竞争力，同时也直接推动了 1956 年中国第一所工艺美术高等院校——中央工艺美术学院（现为清华大学美术学院）的建立。几乎所有参与设计、研制的教师都进入该校，并在以后的产品设计中持续发挥作用。地方陶瓷设计人员也因参与了“建国瓷”的设计而有机会进入高等院校进修，系统学习设计。

1959年已经建成的人民大会堂、中国历史博物馆、人民英雄纪念碑、中国人民革命军事博物馆、民族饭店、民族文化宫、中国美术馆、北京饭店等建筑完美地体现了国家形象，由时任中央工艺美术学院副院长雷圭元领衔的设计团队全面参与了其中的设计工作，成为设计塑造国家形象的典范。人民大会堂天顶灯饰以向日葵为寓意，象征中国人民紧密团结在中国共产党周围。从形式上看也十分大气，巧妙地利用“语境”，营造了极好的氛围。在民族文化宫门廊的装饰纹样上还出现了蒸汽机车、吊塔、输电铁塔和原子结构形象，表现出中国人民团结一致，为实现工业化而努力的愿望。[1]

在工业产品上如何体现新中国的形象对于当时的设计师来说是一个十分具有挑

[1] 《中央工艺美术学院校史》（1956—1991），河北美术出版社，1996 年。

图 4-7　1952 年，邱陵参加人民英雄纪念碑设计工作，并在兴建委员会设计室外的纪念碑模型旁留影

图 4-8　奚小彭设计的人民大会堂大会议厅天顶

战性的题目。在刚刚试制红旗牌 CA72 型轿车的时候，大家对于在车身装饰上用一面红旗、三面红旗或五面红旗产生了争议，车型设计师程正对这个问题高度关注，从最初设计到 CA72 型定型，在产品个性塑造方面做了不少的努力。1960 年莱比锡国际博览会上，在具有中国特色展示要素的烘托下，红旗牌轿车以其强烈的中国设

图 4-9　奚小彭设计的民族文化宫门廊装饰（1）

图 4-10　奚小彭设计的民族文化宫门廊装饰（2）

图 4–11　1960 年莱比锡国际博览会上的红旗牌轿车

计风格和整车的完整性震撼了西方参观者；后又作为新中国的工业形象代表参加了日内瓦博览会，并载入《世界汽车年鉴》。在决定设计三排座轿车红旗牌 CA770 型时，这种观点变得十分清晰，由一汽副厂长孟少农决定的设计策略（当时称为基调），到设计师贾延良具体的造型设计，都强调整体车型要有昂首挺胸的气势，其线型采用中国明式家具的形态，细节融入中国宫灯、向日葵的形态，同时必须符合产品的使用功能。在内饰方面采用木料、丝织品等高档材料装饰，在体现民族风格的同时塑造顶级配置的特点。红旗牌 CA770 型及以后发展的型号统一保持了这种设计特色。

从 20 世纪 60 年代末开始，中国援助非洲坦桑尼亚和赞比亚修建坦赞铁路，并制造铁路车辆。1976 年，周恩来以中国总理的名义赠送公务列车给两国总统作为礼物。承担该项设计任务的是朱仁普，他在回忆这个设计时说：当时非常渴望有机会到非洲做实地考察，但条件不允许，只能依据相关图片资料想象，整体布局总统休息间、用餐间、卫生间、会议室、瞭望区等功能区域，与其相关的家具、设施、室内装饰及材料更成为设计的重点，为此召集了国内著名的家具设计专家联合设计。沙发为玻璃钢胎及铸铁圆盘底座，大会议桌十分具有现代感。瞭望区采用夹层玻璃，两边为 6 mm 钢化玻璃，中间夹高透明度塑料薄膜，具有防弹功能。玻璃按图纸曲线一次成型，由上海耀华玻璃厂制作，安装完毕后效果很好。

虽然公务列车内的家具设计非常具有现代感，但过重的底部结构增加了总重量，所以总工程师要求减重。由于外观及表面装饰已经完成，朱仁普只能从底部结构减重开始，他请高级车工将底部八个铸铁圆盘分别从内侧旋掉三分之二的厚度，重量由原来的 50 kg 减少到 20 kg，达到了预期的效果。[1]

3. 以工业设计满足生活需求

如果说以工业化批量产品满足人民生活需求是工业设计的本质任务的话，那么自 20 世纪 60 年代开始，中国工业设计已义不容辞地承担起这个任务。大量与人民日常生活相关的轻工产品特别需要以工业设计的思想来优化产品品质，不管是形态、材料、肌理、色彩还是功能均需要工业设计的统筹。虽然那是一个物资短缺的时代，但人民群众仍希望拥有让人感动的产品。

在 20 世纪 60 年代，艺术家参与产品设计是常态。1963 年，鲁迅美术学院玻璃美术专业筹备组成立，以留学捷克斯洛伐克学习玻璃美术的王学东为负责人，在上海玻璃器皿一厂和二厂设计了一批产品，其中窑玻璃、大切块花瓶都属于首次生产。至 20 世纪 60 年代末，上海美协组织热水瓶装饰征稿，张雪父、钱震之设计的几何图案中标，更丰富了产品花式。[2]

从技术支撑角度看，为了实现设计预想的目标，造就更加完美的产品，生产企业在生产设备、技术引进及改进方面下了很大的功夫，并将此作为一项长期的任务来完成。例如，在设计永久牌自行车时，为使表面油漆更加乌黑发亮及电镀件表面更加平整、光亮，并能够在日晒雨淋的情况下不发生锈蚀，上海自行车厂专门改进了喷漆工艺，并组成攻关小组对电镀设备进行了改进，保证表面加工达到设计预想的效果，增加产品的美誉度。在车身贴花制作时，也有专门的协作厂配套，为提高金色贴花的色彩饱和度和光亮度而改进了工艺。类似这样的例子在以后的产品设计中成为工业设计的重要内容之一。

从市场拓展角度看，当时是计划经济，处于需求大于供给的物资短缺状态。当时从事设计、技术的人员都明白，“产品设计”不等同于“美术创作”，后者可以完全

[1] 中国工业设计协会：《设计通讯》。
[2] 上海市地方志办公室：《上海美术志》第一编第十五章第二节，2006 年。

依据自身的认识个性化，不需要考虑消费者的心态，而前者则需要考虑消费者的想法。这种现象发展到后来在轻工业日用产品领域逐步形成了驻厂员制度，即由当时最主要的流通渠道——中国百货公司派出一名熟悉该类产品销售的人员长年在厂里工作。每当有新产品设计方案提出时，驻厂员都会认真参加讨论，提出建议，小批量试产后，会跟踪其销售情况，反馈给设计人员加以改进，正式批量生产后的市场反馈信息也会通过驻厂员及时送达工厂。当然，驻厂员还有一个身份是“计划经济的代表”，其重要任务是监督厂方完成采购任务，保证厂方产品全部进入中国百货公司的销售渠道。

4. 以工业设计创造外汇收益

由于缺少完整的工业产品和附加值高的农业产品出口，而国家工业建设、国防建设又急需外汇，出口换汇成为中央经济管理部门面临的问题。当时，中国与东欧社会主义国家采用“以货易货”的贸易方式，对换取外汇贡献不大，因此工业设计承担起提升产品品质，优化产品形象，开拓国际市场，为国家换取外汇的重任。

美加净牙膏是中国化学工业社在20世纪60年代为了赶超国际先进水平，实现产品升级换代创制的新型出口牙膏。1961年以前，中国化学工业社出口的牙膏主要是铅锡管肥皂型牙膏，产品质量不稳定，使国家在经济上遭到很大的损失。

当时，外贸部为了挽回我国牙膏在国际市场上的声誉，郑重向中国化学工业社提出要求生产铝管泡沫型牙膏，替代铅锡管肥皂型牙膏。为此，中国化学工业社经过广泛的研究讨论，确定要创制出“争气”牙膏。这一决策得到了轻工业部的支持，并下拨了创制资金。

经过近一年的试制工作，特别是重新创造了“美加净”这个品牌名称后，铝管洗涤剂型高档出口牙膏——美加净牙膏在1962年4月正式投产，并于当年以MAXAM为品牌名，开始出口至中国香港和东南亚地区。第一年的出口量就达到几十万支，成为高露洁牙膏在该地区的竞争对手。此后出口量逐年增加，出口地区不断扩大。美加净牙膏的包装以红、白二色构成，设计师顾世朋的灵感来自于中国美

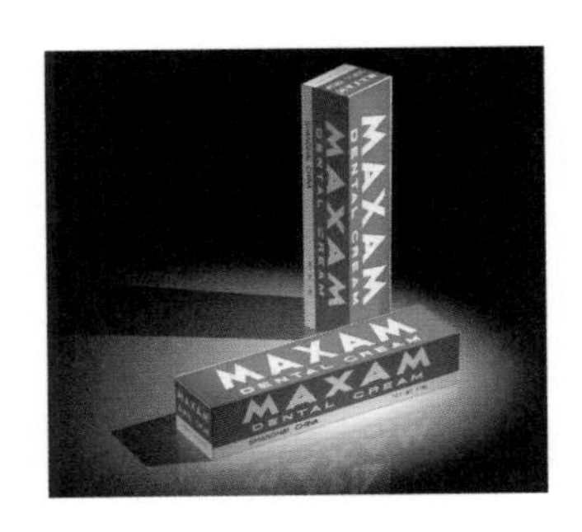

图 4–12　1962 年美加净牙膏的包装

人红唇白齿的形象，品牌要素明确，给国际市场消费者确立了中国优质产品的印象。[1] 这是中国品牌开发市场并取得成功的经典案例。

中国在传统手工艺产品生产领域具有一定的优势，但个人生产、个人销售的形态对于日用产品来讲显得不合适。当传统手工艺产品需要批量制作时，其设计思想及生产组织方式均需有比较大的改进。这在景德镇日用陶瓷产品的设计及生产组织中显得非常突出。陶瓷产品有“外销瓷”与“内销瓷”之分，前者在器形、装饰设计上都会考虑西方人生活的需要，对于东欧地区比较特殊的餐饮方式也有特殊的产品做支撑。这种“外销瓷”产品装饰较满，即留白的地方少，装饰釉料质量上乘，还原性好。设计人员除一般传统工艺及技巧训练外，还接受过现代设计方面的训练，使杯、盘、壶、匙、碗配套设计天衣无缝，有强烈的系列感，产品深受国际市场的欢迎。当时景德镇外贸部门有一个统计数据，即平均单件瓷器创汇 0.5 美元，可见其对市场的重要程度。在生产组织方面，一方面积极购买好的制造设备替代手工制作，另一方面在装饰上采用量产法和手工法结合的方式加快生产速度，同时又保证手工品质。《景德镇陶瓷》产品样本使用中、英、日三国语言介绍产品，将符合西餐使用习惯的成套餐具图片放在十分醒目的位置，图片中餐盘边还摆放了西餐具用作提示，可以看出其促销的良苦用心。

在科研支撑方面，作为设计核心单位的景德镇陶瓷研究所具有“设计服务外包”的形态特征，其设计的器形可以提供给各大陶瓷厂，各厂根据自己的工艺再设计，

[1] 中国口腔清洁护理用品工业协会：《中国牙膏工业发展史》，2006 年。

图 4-13 《景德镇陶瓷》产品样本图片

最终形成产品。特别值得注意的是，为了适应外贸市场的需求，了解竞争对手的情况，景德镇陶瓷研究所将竞争对手的产品品质、工艺与中国产品加以对比，找到差距，提出改进措施，研究新釉料配方及设计方案，增加产品的竞争力。受当时经济体制所限，虽然景德镇陶瓷研究所与各大陶瓷厂均没有设市场部门专门研究国外市场情况，但从现实情况看，不论是景德镇陶瓷研究所、陶瓷厂还是陶瓷进出口公司都尽可能以工业设计的思想来改良、开发新产品。当发现日用陶瓷耗费原材料较多，无法再降低生产成本时，景德镇人将目光转向了陈设瓷的批量生产。所谓陈设瓷，顾名思义是一种摆设，并无实用功能。当时以飞禽走兽为题材的大众型雕塑陈设瓷的海外市场前景广阔，而耗费的原材料却是同体积日用陶瓷的三分之一。雕塑陈设瓷对艺术工人的素质要求高，制作耗时长，但因为当时的劳动力成本便宜，所以只要降低原材料成本，产品成本也大大降低，因而其迅速成为出口创汇的主打产品。

图 4-14 景德镇雕塑瓷厂出品的畅销陈设瓷——对走狮

第二节　工业设计在各领域的作用

在这个时期的经济背景下考察工业设计在各个领域中的作用，特别是考察其在重大装备产品设计中的作用，可以进一步理解这一时期中国工业设计的特征。同时，通过揭示相关工业产品的历史作用，可以进一步发现中国工业设计的力量。

1. 经济调整期的中国产业状况

上海财经大学赵晓雷认为：从经济发展的指导思想看，“大跃进”的特点有二：一是在产业结构上突出发展重工业，在重工业中突出发展冶金工业；二是在经济增长上追求高速度。

1958 年，中共中央政治局在北戴河召开扩大会议，会议公报号召全党全民为 1 070 万吨钢而奋斗。会议认为中国工业的问题是钢铁的生产和机械的生产，而机械生产的发展又取决于钢铁生产的发展。1959 年 2 月 12 日，《人民日报》发表社论《为 1 800 万吨钢而奋斗》。社论认为：国民经济任何一个部门都同钢铁有密切联系。抓住了钢，就能把机械、电力、煤炭、交通运输等都带动起来，农业机械化就有了希望。“以钢为纲”，它是促进整个国家经济高速度、有计划、按比例发展的一个有力武器。同年 9 月 9 日，《红旗》杂志发表社论《驳“国民经济比例关系失调”的谬论》。社论认为：1958 年重工业生产的发展，基本上保证了基本建设高速增长的需要，同基本建设的扩大也是适应的，不是如某些“右倾”机会主义分子所说是盲目的、无根据的，而是建立在重工业生产发展的基础上的，因而生产和建设的比例关系基本上是合理的。“以钢为纲”不是挤掉了其他部门，而是带动了其他部门。当时的各

图 4-15　宣传照片

图 4-16　海报《让铁成钢，让钢成材》，张蟾于 1960 年创作

种宣传照片和海报也反映了这种情况。

经过 1958—1960 年三年的“大跃进”，国民经济各主要部门之间的比例关系严重失调。在工农业总产值所占的比重中，农业由 1957 年的 43.3% 下降到 1960 年的 21.8%；轻工业由 31.2% 下降到 26.1%；重工业则由 25.5% 激增至 52.1%。[1] 如按工业总产值占国民生产总值 60% 左右的标准，中国当时应该已经实现工业化了。但事实上，由于“大跃进”期间片面强调“以钢为纲”发展重工业以及片面追求高速度，国民经济陷入严重困难，人民生活水平下降，不得不从 1961 年起进入艰难的调整时期。

1961 年，中共八届九中全会提出了对国民经济实行“调整、巩固、充实、提高”的八字方针，在中央领导统一思想后开始了全国范围的调整。当时全国半数以上的钢产量来自东北地区。

从当时的情况来看，东北重工业自身难以为继，由于“大跃进”强调单兵独进，畸形高速发展，重工业各生产环节难以适应，也跟不上节奏。首先是一大批设备为

[1]　《当代中国的计划工作》办公室：《中华人民共和国国民经济和社会发展计划大事辑要（1949—1985）》，红旗出版社，1987 年。

完成“大跃进”指标超负荷运作后失修，1963 年统计辽宁省有 18% 的设备需大修。其次是能源紧张，由于透支了生产能力，缺煤、缺电，能源增长量低于工业增长量，其结果是伴随着原材料和能源的减少，工业生产减少，尤其是轻工、纺织、化工、机械、建材行业减少幅度最大。同时，交通公路状况恶化，例如，辽宁省共有桥梁 585 座，其中 80% 是超过规定使用年限的木桥，全省 24 318 km 的公路中，一至三级公路占 0.3%，四、五级公路占 46%，简易公路占 53.7%；全省交通部门有各类汽车 2 400 辆，当年已报废 100 辆，五年内将报废 420 辆，这导致工业原料运不进来，而成品又无法运出。

由于农业的损失，农作物减产导致轻工业成品原料短缺，加之轻工业在“一五”期间的增长远低于重工业的增长，以及“大跃进”时期城镇人口增多，轻工业产品中与人们日常生活相关的产品日趋紧张。由于东北自身没有投资轻工业，重工业基地的工业品源源不断地调往外地，日用轻工业产品却调不进来，所以给人民日常生活造成了极大的困难。经济调整的方向有两个，首先是“关、停、并、转”一批企业，将人力转移到农村从事农业生产，也有部分人员转到轻工行业。但此项工作受到了很大的阻力，不少企业以“再投入少量资金具备简易收尾条件”为借口继续投资拉长基本建设线。在中央和地方政府的一再努力下，坚持了“硬着陆”措施，为的是提高生产效率，在此基础上展开生产配套工程，避免建设小而全的全产业链工厂，打破中央、部委、所属企业、地方企业的条块分割的局面，加强财务核算，通力合作，提高专业程度，实现社会化生产。其次是加强对农业的支持，扩建了农业机具服务站，增加化肥供应，使其增产增收。

2. 工业设计与重大装备产品

军工产品及国家重点装备产品一直保持着比较稳定的发展状态，并且迫切需要进行技术上的升级换代。20 世纪 50 年代，苏联向中国提供了一定数量的 T-54 中型坦克。使用之后，中国领导人迅速从苏联引进了生产许可证。1957 年，包头 617 厂在得到苏联技术资料后组装了首批国产坦克。新坦克根据中国工业能力进行了适当的简化，命名为59式，也曾叫作WZ–120。

59式坦克保留了T–54中型坦克的基本特点，结构、布局和各种部件基本不变，而动力装置、武器和其他设备适当简化后更换了名称。比如，100 mm D–10T线膛炮在中国的生产代号为59T式。SGMT机枪同样如此，其中一挺与坦克炮联装，另外一挺装配在车体前装甲板上。

59式坦克从1957年生产到1961年，之后开始制造新改型59–1式。它与基础型不同，换装100 mm 69–Ⅱ式火炮，加装夜视仪和弹道计算器，手动输入诸元。之后所有59式坦克逐渐改装升级为59–2式。随后的进一步升级型号配备激光测距仪、车载屏幕和新型弹道计算器。

在飞行器方面，当各国空军于20世纪50年代初纷纷开始向超音速时代迈进之时，中国空军主力战机仍然是抗美援朝战争后期换装的米格–15，相比之下性能较差。为了提高我国防空能力，中国利用苏联的技术援助迅速追赶世界空军的发展步伐。按照1957年的协议，苏联于1958年上半年陆续将米格–19P的图纸发到沈阳飞机制造厂和黎阳发动机厂。当年8月，前期准备工作基本完成。

20世纪50年代末，沈阳飞机制造厂首先试制了米格–19Ⅱ型全天候歼击机，命名为东风103（歼–6甲）飞机，并于1958年12月首飞成功。1959年4月，经国家鉴定验收，批准投入生产。后来，部队需要米格–19C型歼击机。于是，沈阳飞机制

图4–17　正在参加渡江演习的59式坦克

图 4-18　沈阳飞机制造厂车间（1）

图 4-19　沈阳飞机制造厂车间（2）

造厂又在米格-19Ⅱ型的基础上改进试制，命名为东风 102 飞机，并于 1959 年 9 月首飞成功。

由于受到“大跃进”的影响，不尊重客观规律，搞“快速试制”致使飞机的质量严重下降。1959—1960 年，沈阳飞机制造厂试制的米格-19 型飞机出现了严重的质量问题，造成 578 架飞机投产后，废品与返修损失高达 2 991 万元。

图 4-20　装备部队的歼-6 机群

1961 年苏联专家撤走后，在没有专家的支持指导，图纸材料不全的情况下，要想试制成功，其难度可想而知，仅零部件就多达 11 948 项。1961 年，沈阳飞机制造厂开始进行歼-6 飞机的试制工作。为了在试制中及时解决零部件制造的技术、器材供应、工艺装备等问题，工厂成立了由生产、设计、工艺、检验等部门领导参加的零部件制造及飞机装配工作组，专啃试制过程中的“硬骨头”。在全厂职工的共同努力下，用时 1 069 天，相继攻克了标准样件对合关、技术关键关、技术协调关、静力试验关、试飞关，经历了试制、小批生产工艺定型阶段。

1963 年 9 月 23 日，01 架飞机由试飞员吴克明驾驶首飞成功。经过两个多月的试飞，各项战术、技术指标完全达到了设计要求。

1963 年 12 月 5 日，中央中央军事委员会和中华人民共和国第三机械工业部在沈阳飞机制造厂举行歼-6 飞机定型签字仪式，同意试制定型并投入成批生产。1963 年末，第一架歼-6 飞机交付给部队使用。

1964 年，歼-6 飞机开始大批量装备部队。为了满足当时空军的需要，沈阳飞机制造厂决定在歼-6 基础上改进机型，因此出现歼-6Ⅰ、歼-6Ⅱ、歼-6Ⅲ、歼教-6 等多种改型。此后至 1983 年，沈阳飞机制造厂共生产、交付歼-6 飞机 4 000 多架。歼-6 飞机直到 1986 年才停产。

历经对苏联米格-21 型飞机的全面“技术摸透”，为参考及进一步自行设计做好了准备。通过第一阶段的摸透学习，设计人员基本熟悉了超音速飞机的结构和系统的工作原理，对飞机的各个部件构造和系统安装方式有了较深的理解，对飞机的性能和使用特点有了比较全面的了解。当时担任国防部第六研究院第一研究所副所长的徐舜寿在完成上述工作的同时念念不忘尚处在研制中的单座、双发动机超音速强击机，又称强-5 飞机。当时由于经费原因，加之尚有众多技术问题没有解决，“空军没有完全点头”，负责研制设计的南昌飞机制造厂向徐舜寿求助，在得到领导同意后表示支持强-5 飞机继续设计，“他决定从六院科研经费中拔出 20 万给工厂”。[1]

在强-5 飞机以后的研制和使用过程中，发现了不少技术问题。徐舜寿曾安排陈

[1] 顾诵芬：《中国飞机设计的一代宗师——徐舜寿》，航空工业出版社，2008 年。

图 4-21　强-5 飞机

一坚于 1963 年底前往协助高镇宁工作。以后又派顾诵芬、管德去解答飞机研制中出现的气动方面的问题。在顾诵芬、管德完成任务回所以后，徐舜寿专门听取了他们两个人的汇报。

强-5 飞机的研制经历了艰难曲折的历程。原强-5 飞机总设计师、工程院院士陆孝彭在他撰写的《自力更生、自行设计强击机》一文中，有如下一段回忆，他说：

"……要自行设计、制造这样一种强击机谈何容易。当时，我们的设计队伍非常年轻。一个百人左右的设计室，70% 是中专生，有的连喷气式飞机都没见过。1960 年 5 月，强-5 原型机开始试制，到 1961 年调整时就面临'下马'形势……最困难的时候，试制小组虽然只剩下 12 个人，但我们愈干愈欢。所到之处，几乎有求必应。全厂上下都决心把强-5 这架'争气机'送上蓝天……终于取得了空军、三机部和航空研究院的支持。当第一次静力试验失败的时候，空军曹里怀、常乾坤副司令员和航空研究院唐延杰院长等领导同志却决定调拨两架份附件支持继续试制。三机部孙志远部长还亲自到飞机试验现场，听取我长达四小时的详细汇报，鼓励我们走独立自主、自力更生、艰苦奋斗发展中国航空工业的道路，并在干部大会上郑重宣布恢复强-5 飞机的研制计划。"[1]

[1]　顾诵芬：《中国飞机设计的一代宗师——徐舜寿》，航空工业出版社，2008 年。

作为中国自行研制的第一种超音速强击机，强 –5 飞机终于在 1965 年 6 月 4 日首次试飞成功。同年 12 月，航空军工产品定型委员会批准强 –5 飞机初步设计定型、投产。强 –5 飞机后由工厂改进设计为多种型号飞机，并大量装备部队，它成为我国空军和海军的主要作战机种之一。

徐舜寿是中国飞机设计的一代宗师。他 1944 年在麦克唐纳 · 道格拉斯公司实习，1946 年到美国华盛顿大学研究生院进修。他首创了飞机设计室，并引进模拟和数字计算机组建了设计站，曾设计了新中国第一架歼教机。他指出：仿制是糊涂的，测绘是写生的，摸透是真懂的。仿制就是按提供的图纸、技术条件、工艺文件生成制造，对设计来说，不知其然；测绘就是依样画葫芦，如同美术中的静物实景写生，但有了自己的图画了，测绘分解后，也得到一些“解剖”认识；摸透则要解决是什么，为什么，干什么，怎么干的一系列问题，这才是真正明白设计的含义。当时测绘现场几乎没有 20 世纪 50 年代就进所的老同志，大都是 1962 年以后进所的年轻人。徐舜寿为此特别强调：飞机上没有一件多余的东西，一个小铆钉也不能少。你们先老老实实描绘下来，然后改一个“画法”，既要写生，也要摸透。轰–5 飞机是一种亚音速轻型战术轰炸机，徐舜寿在设计中特别攻克了“飞机座舱温度调节系统改进设计”的难关，改变了苏制飞机的习惯设计。“新空调系统夏季低空能降温，高空能加温，座舱压力调节也很好。不仅改善了空勤人员的工作条件，而且有利于消除低空瞄准时瞄准具上的水气，新系统是成功的。”由于当时台湾海峡危机的需要，飞行员都坐在舱内执行战备值班任务，舱内温度高达 50℃，一次飞行或值班后，飞行员都走不出机舱，而改进的设计很好地解决了这个问题。[1]

1962 年 9 月，铁道部机车车辆工厂管理总局向大同机车厂下达了对和平型机车以提高锅炉热力性能为重点的改进设计任务，针对和平型机车存在的主要问题，结合我国的国情对该型机车在牵引热工性能方面做彻底的改进。大同机车厂于 1963 年完成了和平型机车的改进设计，重新设计了锅炉部分。

1964 年 9 月，大同机车厂试制出经重大改进设计后的新和平型蒸汽机车，车号

[1] 顾诵芬等编，师元光主笔：《中国飞机设计的一代宗师——徐舜寿》，航空工业出版社，2008 年。

为101号。

同年10月，中国铁道科学研究院对101号机车进行抽阀静置热工试验，最大供汽率达100 kg/（h·m²），达到了我国蒸汽机车锅炉蒸发能力的先进水平。在经过40 000 km的运行考核之后，中国铁道科学研究院又于1965年7月在北京环形铁道试验线进行了牵引热工性能试验，101号机车最大供汽率达90 kg/（h·m²）。同年9月，在沈阳铁路局主持下，在哈大线进行运营牵引试验和热工试验。试验结果为101号机车锅炉总效率比改进设计前绝对值提高2.6%~3.8%，机车总效率达8.42%，在最大供汽率时实现的最大轮周功率为2 633 kW，计算供汽率时的最大轮周功率为2 192 kW，在计算切断点和计算供汽率时的轮周牵引力达23 500 kg（230.3 kN）。试验还表明，新和平型蒸汽机车适合于中等供汽率下高速运行。运用部门反映，锅炉燃烧状态好，节煤效果显著，牵引力大，适合于多拉快跑。

1965年4月，大同机车厂开始批量生产改进后的和平型蒸汽机车。1966年，和平型机车曾更名为反帝型，代号FD。1971年定名前进型，代号QJ。根据国家对铁路运输牵引动力的需要，以及当时内燃机车及电力机车发展的情况，前进型蒸汽机车的产量逐年上升。该机车最高年产量达325台，其总产量约占国产蒸汽机车总产量的50%。

前进型蒸汽机车在运用中逐渐暴露出了一些问题。其中，有些问题属于设计或制造原因，但有些问题是当时运输繁忙，货运量大，个别机务段对机车的运用超出设计规范所致。大同机车厂先后对锅炉、汽机、走行部、煤水车等进行了改进，深受部局和用户的欢迎。特别需要提出的是，从1966年起，前进型蒸汽机车不断向南方各铁路局配属，故其运用部门需要煤水容量大的煤水车。1967年，大同机车厂完成新型六轴煤水车设计工作，1968年1月制造出第一台新六轴煤水车。1968年又对前进型蒸汽机车进行了技术改进，取消了锅炉边缘和下部的16根烟管，节约钢材，减少重量。同年11月，新六轴煤水车正式投入批量生产。1980年初，大同机车厂根据使用情况，对新六轴煤水车做了进一步改进设计，1981年投入批量制造。其后，根据部局对轴箱滚动轴承简统化的要求，采用新型滚动轴承。此外，大同机车厂还

图 4-22 “跃进”号船体进行吊装合拢

图 4-23 “跃进”号船体正在进行涂装作业，为顺利下水做最后的准备

对前进型蒸汽机车做了一些改进。[1]

连挂新六轴煤水车的前进型蒸汽机车，大同机车厂共计制造了 1 208 台（其中包括一台前进型 8001 号波特炉试验机车）。它使我国自行设计的蒸汽机车在更适合运输及用户要求的道路上，大大地向前迈进了一步。

中国第一艘万吨级远洋货轮“跃进”号是由苏联专家帮助设计，大连造船厂建造的。它采用了当时最新的技术装备，全长为 169.9 m，宽为 21.8 m，排水量为 22 100 t，载货量为 13 400 t，满载时吃水深度为 9.7 m，航速为每小时 18.5 n mi le，功率为 9 559 kW，能够续航 12 000 n mi le，可以中途不靠岸补充燃料直接驶抵世界各主要港口，还能在封冻的区域破冰航行。船上装备全套机械化、自动化、电气化设备。“跃进号”自 1958 年 9 月开工建造，从船台铺底到船体建成下水，只用了短短 58 天时间，标志着中国船舶工业水平的飞跃，其船舶内饰由中央工艺美术学院设计。1963 年 4 月 30 日，“跃进”号开始首航，载着 1.3 t 玉米从青岛港前往日本名古屋西港。1963 年 5 月 1 日中午，“跃进”号触礁沉没在苏岩礁。

1958 年初，被列为国家科学发展十年规划的重点项目之一——万吨级远洋轮于江南造船厂被批准上马。江南造船厂前身为江南机器制造总局，在其创办的近百年

[1] 郑显道：《大同机车工厂志》（1954—1985），1987 年。

时间里，深受德国船舶设计影响，注重功能的需求及合理性设计，同时注意整体的美观。通过为我国及外国造船已经谙熟了设计方法，仅三个半月就完成了整个施工设计图纸，比过去 5 000 t 货轮的设计周期缩短了四分之三，创造了高速度设计大型船舶的纪录。为提高载重量、节约钢材，冶金部钢铁研究院与鞍山钢铁公司联合试制，轧出船用高强度低合金钢材，为该船的船体建造提供了条件。该船于 1959 年初投料开工。由于放样楼不够长，工人们采用按比例缩小四分之三的办法，解决了困难，并用多线型活络样板，替代单用样板下料，效率成倍提高，十天时间就完成了该船的全部线型放样。在进入船体装配之前，蔡德福等工程技术人员参阅了数百份图纸资料，研究学习苏联的造船装配方法和大连造船厂的三岛式建造法。最后采用三岛式建造法代替过去的双岛式建造法，使万吨轮底板一上船台，即可分三路同时施工，速度加快了 50%。装配工严纯辉等人创造了隔舱和旁板相互对准水线的吊装定位方法，减轻了劳动强度，提高效率四倍以上。从 1960 年 1 月起，全船一百多个分段相继上船台进行合拢。尾柱、舵杆的焊接运用电渣焊接方法，保证了焊接质量，比手焊速度提高了五倍。在人字桅杆吊装中，高架吊车起吊高度不够，工人们先将重达 50 t、高 20 m 的人字桅杆横吊上甲板，后在底脚焊上马脚稳住，然后用卷扬机慢慢拉直竖立起来的方法，只用了四个小时即吊装完毕。同年 4 月，船体主体工程基本完成。全船主要焊缝合格率达到 98% 以上，船体建造成本降低 5%。该船于 1960 年 4 月 15 日下水。在新船下水典礼上，交通部上海海运局局长李维中，代表中华人民共和国交通部将该船命名为“东风”号。

1965 年 11 月 5 日至 15 日，“东风”号在长江口进行了轻载试航。技术鉴定工作组主持了这次试航，各专业组和主机技术工作组随船参加试航。经过试航，所发现的各项缺陷已消除，船的技术状态已具备了重载试航的条件。12 月 14 日，“东风”号在长江口试验导航仪器，15 日离开长江口北上，16 日下午到达青岛。在青岛载货 9 806 t，油 684 t，淡水 1 184 t，吃水平均为 8.46 m，排水量为 17 082 t，符合重载试航要求。试航中曾两次遇到九级强风，但仍全部完成了国家鉴定大纲所规定的试

图 4-24 “东风”号

验项目和轻载试航遗留补充试验项目，船的航速达17.3节，超过设计要求的16.65节。

“一五”计划终盘时期，一机部已将万吨水压机提上议事日程，并做了两手准备。一方面准备在国内立项制造，另一方面也考虑请苏联帮助订购。而“大跃进”加速了万吨水压机立项的进程。1958年5月22日，时任煤炭工业部副部长的沈鸿写了一封信给中央，建议我们国家自行建造万吨水压机。当时反对意见很多，批评者大多持这样的观点：“客观条件不足，有蛮干的意思。”有的人提出：要造大压机首先就得有万吨水压机，因为制造万吨水压机的四根立柱必须要用200 t大钢锭来锻制。因此，要想自己制造万吨水压机，首先就要进口一台万吨水压机来锻造钢锭，然后才能自己制造万吨水压机。沈鸿则反问道：“那就请问，世界上第一台万吨水压机又是怎样造出来的呢？”还亲自拿着这封信，问上海市代表：“上海能不能干，愿不愿干？”上海市代表经过考虑，认为可以干。随后很快批准了万吨水压机的制造。

1958年8月，中央正式批准研制两台1.2万吨水压机。其中一台安装在第一重型机器厂，以沈阳重型机器厂和第一重型机器厂为主设计制造，中华人民共和国第二机械工业部（下简称二机部）副部长刘鼎负责组织实施。另一台安装在上海重型机器厂水压机车间，以江南造船厂为主设计制造，由煤炭工业部副部长沈鸿负责组织实施。

随后上海马上成立了设计班子，由沈鸿任总设计师，清华大学机械专业毕业的林宗棠任副总设计师，徐希文任技术组长，以上海江南造船厂为主，上海重型机器厂等几十个工厂参加大协作。

在设计班子中，除了沈鸿于1954年在苏联乌拉尔重型机器厂见过万吨水压机外，一些设计人员甚至从未见过水压机。有人提议先购进一台，再照葫芦画瓢，但沈鸿坚持自己动手。他领着设计组人员，背上照相机，扛着画图板，跑遍了全国各地的中、小型水压机车间，了解国外制造水压机的设计特点和使用状况，搜集了大量关于水压机的图书资料及技术情报，并从苏联运了一些图纸回来研究。1958年末，苏联专家陆续撤离。没有专家指点，设计组开始自己画图纸。虽然不少人都是大学毕业，但踏上生产一线后，从未画过图，心里没数。沈鸿就提出做模型，从纸模型、铁皮模型到橡皮泥模型，做了无数个；然后在模型试验基础上绘制图纸，仅总图就绘制了15次。设计团队共为46 000多个零部件绘制了大小10 000余张图纸，重达1.5 t。

但是，由于上海重工业基础不如东北地区，缺少生产大型零部件的工厂和加工设备，用常规的方法制造大型水压机不可行。为了从实践中摸索经验，沈鸿提议先把万吨水压机缩小成1∶10比例，造一台1 200 t的试验水压机，以它进行模拟试验；把问题在模拟样机上都解决了以后，再动手造万吨水压机。

但是到了1960年8月，由于受到“大跃进”和中苏关系破裂等因素的影响，国家经济形势日趋紧张。周恩来总理提出对国民经济实行“调整、巩固、充实、提高”的方针，很多基建项目随之下马，上海重型机器厂的水压机车间也在下马之列。此时，整个水压机研制的工作量完成近70%，已花费的研制经费有1 400万元，如果项目下马，这台水压机的研制工作就可能前功尽弃。1960年10月，沈鸿大病初愈，听到水压机有下马之议，十分焦急。他一面写信稳定队伍，一面找领导反映情况。他和林宗棠去找国家经委的孙志远。孙志远建议沈鸿、林宗棠直接给周恩来写信说明情况。沈鸿、林宗棠马上给周恩来写信汇报水压机的进展，反对项目下马，还将设计图纸一并报送，请求拨款保证工程继续。周恩来收到信后，立即派孙志远到现场勘查，知道情况属实后，很快批款800万元，挽救了这台差点夭折的水压机。

1961年12月13日，万吨水压机的46 000多个零部件加工完毕运至工厂，上海重型机器厂用两部重型行车将横梁吊装进四根立柱内，只用了两个月的时间就完成总装。在上海交通大学和一机部所属的机械科学研究院等单位的协助下，对这个身高 20 余米，体重数千吨的“巨人”进行应力测定试验。“体检”用了三四个月，在两百多个主要部位进行了多次应力测定，证明所有应力都同设计数据吻合。然后开始进行超负荷试验，将锻压能力加大到 1.6 万吨，水压机各个部件正常运转，未发现不良现象，可以确保 12 800 t 满负荷正常运转。

1962 年 6 月 22 日，江南造船厂经过四年努力制造的 1.2 万吨自由锻造水压机，在上海重型机器厂试制成功，并投入试生产。它能够锻造几十吨重的高级合金钢锭、300 t 重的普通钢锭。它的成功标志着我国重型机械的制造进入了一个新的历史阶段。

在交通工具设计方面，20 世纪 50 年代末，特别是在中华人民共和国成立十周年之际，体现工业设计含量，能够面向未来量产的红旗牌、上海牌两种轿车已分别完成第一轮试制，以此作为国庆十周年的献礼。但因为遭遇“大跃进”带来的困境，项目一度下马，研发和设计停滞不前。在经济调整以后，这两个项目重新上马，进行新一轮研制。特别是上海牌轿车定型为 SH760 型后，批量生产的驱动力一直促使工业设计不断地在优化功能、合理配置材料以降低制造成本方面发挥作用，在取消车体上许多装饰要素的同时使上海牌轿车始终保持其品质，没有沦落为“简易车”，

图 4-25　万吨水压机完成第一块水压锻件

图 4-26　万吨水压机试制成功后，全体试制人员在车间留影

相反新车型的造型更具有系统逻辑，更具现代感，也由此确定了上海牌轿车的造型语言。上海牌轿车通过工业设计丰富了产品线，如当时设定三种色彩，主要针对三类消费群体：黑色主要提供给政府机关使用，特别是外事接待；白色提供给大型国有企业领导使用；天蓝色主要提供给诸如电影制片厂等文化、文艺单位艺术家使用。

这一轮设计成果可以看作是国际现代主义设计思想在中国延续的重要体现。上海牌 SH760 型轿车参考了德国奔驰 220S 型轿车的设计，这是奔驰极其成功的一款产品，从设计理念上看基本体现了国际现代主义的设计思想，是工业设计的经典之作。研发团队在决策参考对象时能够从诸多的目标中聚焦奔驰 220S 型，关注到其市场表现、技术水平、造型风格、制造成本、批量生产等一系列要素，尤其能够判断产品对社会产生的积极影响，这本身就具有非常重要的意义。

第三节　特殊商品的设计契机

所谓的“特殊商品”是指售价高昂、具有高附加值的商品，由于脱离了一般消费者的消费能力，并且不是日常生活的必需品，所以可以认为是那个时代的“奢侈品”。“特殊商品”的推出承担着为国家回笼资金的使命。具体来讲是为了从高价出售农产品的农民、拿定息的工商业者、高级知识分子等当时高货币持有者的手里以五分之一的代价回笼货币，或者说，实际上是将超额发行的人民币购买力贬值 20% 的水平回收。这样就大大减少了通货膨胀的压力。1961 年的高价糖果、高价糕点、高价饭菜和名酒共回笼货币 38 亿元，其中高价利润 26 亿元。

1962 年的高价商品增加了品种。除了西藏与云南外，在全国推开。2 月推出高价自行车，其主角是当时已经设计定型的飞鸽牌自行车。进入 20 世纪 60 年代，为了规范自行车零部件的名称和基本尺寸，轻工业部组织全国的技术设计力量设计标准定型车，简称“标定车”，由此确定了飞鸽牌自行车的基本形态和一系列技术指标，通过设计以及技术集成、工艺优化，使飞鸽牌自行车具备了高档感，足以引发消费者的消费欲望。当时的平价车每辆约160元，而河北定价为每辆650元，广东定价为每辆590元。河北按此价格推销十多天，共售出4 292辆。因此中央决定从4月起在全国农村普遍推开，同时在城市停止平价销售。从6月起，城乡均销售高价自行车。

1962年11月1日，政府第二次调整高价商品的价格。除食品、针织品价格回落外，国产手表的价格降低近45%（如上海牌半钢手表，由每只180元降为100元），进口手表降价10%~33%。此外，从11月29日起，降低照相机和照相材料价格。照相机价格调整到比原定平价高20%左右。照相材料的降价幅度为35%~40%，其中135胶卷恢复平价。高价自行车回落40%左右，如飞鸽牌男车，每辆由600元回落为350元。高价针织品原来比平价高三倍左右，回落为高两倍左右。

1963年3月，政府根据高价商品的销售情况及其原材料货源的供应情况，又做了一次全面安排。大致情况是：调低高价饭菜及名酒价格10%~25%；自行车调低15%左右，如飞鸽牌男车，每辆由350元调整为300元；高价针织品、国产手表、高价糖果、高价糕点的价格大体维持当时水平。此后，根据经济形势的好转和集市价格的回落，又陆续调低了高价商品的价格。到1965年底，高价商品只剩下高级针织品一种，后于1969年退出高价。

上海牌58–Ⅱ型照相机是当时轻工业中最高档的产品，上海牌A–581型手表则以丰富的款式引领全国，两者都是回笼资金的主力，也代表了当时中国工业设计的最高水平。上海牌58–Ⅱ型照相机被定位为高端产品，据主要设计师游开琛老先生介绍，他对欧洲各种照相机进行了考察，发现当时所有的机械相机，都因为其机械结构精密或出于尽力追求小型化、轻量化的目的，并没有给外观、色彩、肌理设计留下多少余地。为了平衡各种要素，试制小组选择了德国徕卡牌照相机做范本。从产品设计角度而言，选择徕卡就意味着选择了“功能先行”的现代主义原则，也就是说上海牌58–Ⅱ型照相机将以纯几何形态来进行设计，全盘继承德国包豪斯的设计思想。上海牌58–Ⅱ型照相机的整个机体采用铝材为基本材料，机身下部及经常与手接触的部位用硫化橡胶装饰，因此在拍照时手更容易握住照相机且不容易留下明显的手印痕迹，也便于清洁。卷片旋钮、对焦口、光圈及快门旋钮等与手接触的部分用金属

图 4-27　上海牌 58-Ⅱ型照相机

滚花工艺，增加了摩擦力，方便精确操作。上海牌 58-Ⅱ型照相机不仅做工精湛，而且经典的黑色和典雅大方的银色搭配更显现出产品整体的高档感。

与手表相比，高档照相机的消费人群少，因此上海牌 58-Ⅱ型照相机在生产 6.68 万台以后停产，而上海牌 A-581 型手表则一路高产，成为市场的宠儿。这两类产品的设计都为以后的轻工业产品设计积累了重要的经验，也造就了完整的协作企业队伍。在当时中国技术积累和设计能力欠缺的年代，“特殊商品”的成功设计一方面提升了工业技术追赶世界先进水平的速度，另一方面也让中国设计师有了难得的实践机会。在这种实践中，中国设计师初步懂得了如何利用产品的“技术语言”来激起消费者消费欲望的原理。

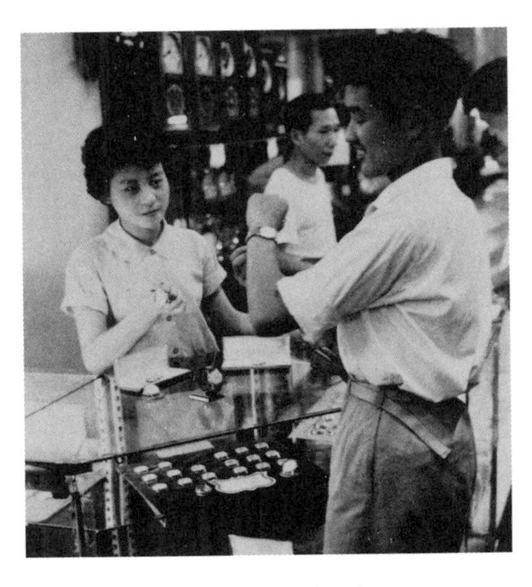

图 4-28　消费者在商店选购手表

同时，历经工业化的实践，“一五”期间上海作为老工业基地的定位被进一步细化：在“一五”期间“支援全国”的基础上，强调发挥上海配套协作条件较好、科学技术力量较强等有利条件，避免上海自然资源缺乏，工业原料和能源要靠全国支援等不利因素，从老工业基地的定位形成向“高、精、尖”发展的具体方向，即把上海“建成制造多种的、原材料消耗少的、轻型的高级产品的工业城市，成为全国发展新技术、制造新产品的工业基地”。在这种政策的推动下，再加上原有的基础，上海已经具备了工业设计发展的各类要素，也开始酝酿新的工作形态。

第四节　工业建设中的技术与设计的扩散

1959 年，时任国务院副总理的李富春在上海市委工业会议上讲话指出：“上海是全国最大的工业中心，也是全国的技术中心。上海的工业对于全国工业化的支援方面，对于技术生产方面具有决定性的作用。”素有中国工业半壁江山之称的上海具有一百多年的工业发展历史，在中华人民共和国成立前各类机器设备已占全国总量的 65.7%。在当时工业建设中的技术转移首先是全国工业布局的需要，也有建设“三线”新国防工业基地的考虑。如果一旦发生战争，那么在沿海工业基地遭到摧毁的情况下仍可保持工业生产，保证物资供应。从表面上来看是生产设备、技术人员的转移，实质上随着上海制造体系、成熟产品的输出，上海的工业设计理念和方法也以此为载体向全国扩散。图 4-29 标明了上海对全国地区的重大支援项目的类型，其中有技术人力支援、物资设备支援及整个工厂全部搬迁，除此之外还有商场、店铺，特别是一些历史悠久的老字号的整体搬迁支援。这种方式是中国扩展工业基础的特有方式，它使原本从国际转移到上海的各种技术和产品迅速走向了全国。由此我们看到了从国际到上海再到全国的一条技术和产品转移的路线，这条路线也是国际工业设计思想在中国落地、扩展的路线。

“一五”计划期间，为满足“156 项工程”建设对各类配套设备的需求，上海重

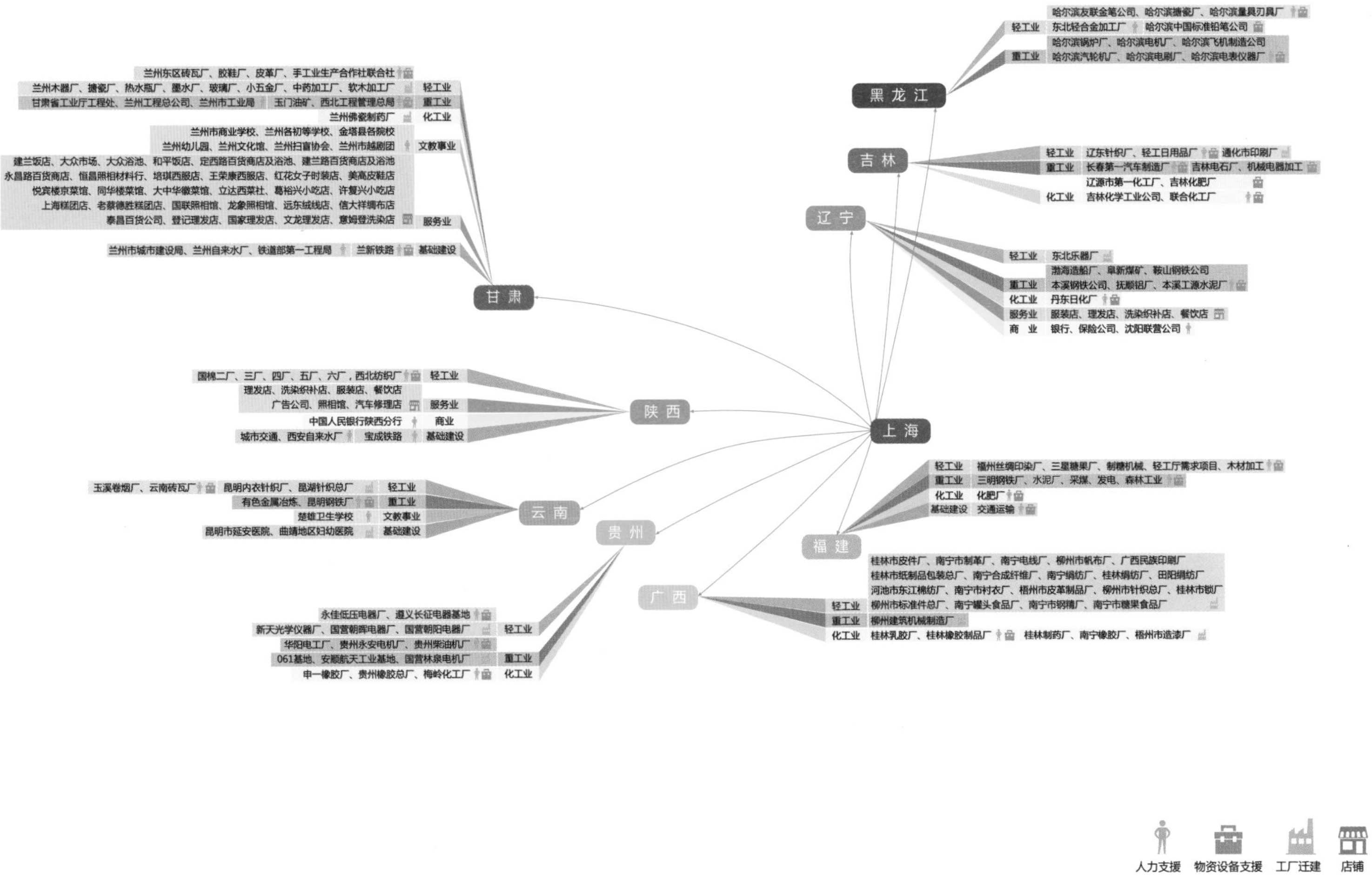

上海

黑龙江
轻工业 哈尔滨友联金笔公司、哈尔滨搪瓷厂、哈尔滨量具刃具厂
东北轻合金加工厂 哈尔滨中国标准铅笔公司
重工业 哈尔滨锅炉厂、哈尔滨电机厂、哈尔滨飞机制造公司
哈尔滨汽轮机厂、哈尔滨电刷厂、哈尔滨电表仪器厂

吉林
轻工业 辽东针织厂、轻工日用品厂 通化市印刷厂
重工业 长春第一汽车制造厂 吉林电石厂、机械电器加工
辽源市第一化工厂、吉林化肥厂
化工业 吉林化学工业公司、联合化工厂

辽宁
轻工业 东北乐器厂
重工业 渤海造船厂、阜新煤矿、鞍山钢铁公司
本溪钢铁公司、抚顺铝厂、本溪工源水泥厂
化工业 丹东日化厂
服务业 服装店、理发店、洗染织补店、餐饮店
商业 银行、保险公司、沈阳联营公司

福建
轻工业 福州丝绸印染厂、三星糖果厂、制糖机械、轻工厅需求项目、木材加工
重工业 三明钢铁厂、水泥厂、采煤、发电、森林工业
化工业 化肥厂
基础建设 交通运输

广西
轻工业 桂林市皮件厂、南宁市制革厂、南宁电线厂、柳州市帆布厂、广西民族印刷厂
桂林市纸制品包装总厂、南宁合成纤维厂、南宁绢纺厂、桂林绢纺厂、田阳绢纺厂
河池市东江棉纺厂、南宁市衬衣厂、梧州市皮革制品厂、柳州市针织总厂、桂林市袜厂
柳州市标准件总厂、南宁罐头食品厂、南宁市钢精厂、南宁市糖果食品厂
重工业 柳州建筑机械制造厂
化工业 桂林乳胶厂、桂林橡胶制品厂 桂林制药厂、南宁橡胶厂、梧州市造漆厂

甘肃
轻工业 兰州东区砖瓦厂、胶鞋厂、皮革厂、手工业生产合作社联合社
兰州木器厂、搪瓷厂、热水瓶厂、墨水厂、玻璃厂、小五金厂、中药加工厂、软木加工厂
重工业 甘肃省工业厅工程处、兰州工程总公司、兰州市工业局 玉门油矿、西北工程管理总局
化工业 兰州佛慈制药厂
文教事业 兰州市商业学校、兰州各初等学校、金塔县各院校
兰州幼儿园、兰州文化馆、兰州扫盲协会、兰州市越剧团
服务业 建兰饭店、大众市场、大众浴池、和平饭店、定西路百货商店及浴池、建兰路百货商店及浴池
永昌路百货商店、恒昌照相材料行、培琪西服店、王荣康西服店、红花女子时装店、美高皮鞋店
悦宾楼京菜馆、同华楼菜馆、大中华徽菜馆、立达西菜社、葛裕兴小吃店、许复兴小吃店
上海糕团店、老蔡德胜糕团店、国联照相馆、龙豪照相馆、远东绒线店、信大祥绸布店
泰昌百货公司、登记理发店、国家理发店、文龙理发店、意姆登洗染店
基础建设 兰州市城市建设局、兰州自来水厂、铁道部第一工程局 兰新铁路

陕西
轻工业 国棉二厂、三厂、四厂、五厂、六厂，西北纺织厂
服务业 理发店、洗染织补店、服装店、餐饮店
广告公司、照相馆、汽车修理店
商业 中国人民银行陕西分行
基础建设 城市交通、西安自来水厂 宝成铁路

云南
轻工业 玉溪卷烟厂、云南砖瓦厂 昆明内衣针织厂、昆湖针织总厂
重工业 有色金属冶炼、昆明钢铁厂
文教事业 楚雄卫生学校
基础建设 昆明市延安医院、曲靖地区妇幼医院

贵州
轻工业 永佳低压电器厂、遵义长征电器基地
新天光学仪器厂、国营朝晖电器厂、国营朝阳电器厂
重工业 华阳电工厂、贵州永安电机厂、贵州柴油机厂
061基地、安顺航天工业基地、国营林泉电机厂
化工业 申一橡胶厂、贵州橡胶总厂、梅岭化工厂

人力支援 物资设备支援 工厂迁建 店铺

图 4-29 上海支援全国示意图

工业企业提供了从各种钢材、动力金属切削机、建筑机械到各种仪器和电力控制器等设备器材以万吨或万件计。[1]上海为鞍山钢铁公司协作生产78种装备，为一汽生产43种大型装备。1954年9月，为了支援洛阳拖拉机厂、洛阳滚珠轴承厂、洛阳矿山机械厂等“156项工程”项目，时任中央建筑部副部长的万里赶赴上海，要求支援相关配套工厂。上海于1954年12月将工务局的机械厂、交通局的汽车修配厂部分装备及公私合营荣大水泥制品厂迁往洛阳，上海张永记等57家汽车修理厂共344人调给甘肃，将友福车身厂职工86人调给北京市……这种整建制的迁移一直持续了很长时间。

《人民日报》1954年8月11日社论指出：“必须首先集中力量建设那些有重要工程的新工业城市。”为此首先由以上海为代表的工业城市向新工业城市输送各类技术与管理人才，从1953年至1956年，上海支援全国各地工业建设总人数达21万。其中技术工人大多在五级以上（最高为八级），一汽上海工作组的报告显示近千名支援一汽的技工中，四级占32.3%，五级占49.3%，六级占14.2%，七级占3.1%，无等级占1.1%。参加支援工作的管理干部具有丰富的管理经验，车间主任、工段长甚至工厂党委书记均加入了这个行列。其中上海市委常委兼组织部长赵明新由中共中央组织部安排，任一汽党委书记。为增强哈尔滨锅炉厂的技术实力，曾被派往苏联任高参处工作组组长，一机部四局上海综合设计处副处长的“锅炉权威”吴恕三，于1955年1月被派往该厂任副总工程师兼总设计师。他成功主持了从中压35 t到高压67 t锅炉的研制工作。上海柴油机厂成套班子到洛阳柴油机厂、西安柴油机厂；上海机床厂成套班子到武汉机床厂；上海江南造船厂、沪东船厂成套班子到武汉造船厂、渤海造船厂；上海电机厂、上海汽轮机厂、上海锅炉厂成套班子到哈尔滨电机厂、汽轮机厂、锅炉厂和武汉锅炉厂。

针对新兴工业城市基础设施落后或空白的状况，上海派出了城市规划设计人员、技术人员和建筑工人。当时的兰州既不通自来水，也没有一条像样的柏油马路。上海自来水公司杨树浦水厂、沪南水厂、南市水厂、浦东水厂抽调了108名人员到兰

[1] 《上海重工业产品支援全国经济建设的简况》，《解放日报》，1955年2月8日。

州参与建设，从行政干部到水质分析工程技术人员、化验员、净化工、运转工、管道工、水表工、营业抄表员和其他辅助工人一应俱全。

1955 年，上海约有 1 600 名驾驶员、修理工前往新疆、陕西、青海、山西等地支援工业建设，并带去了 90 辆载重货车。

随着工业化城市建设的推进以及新兴城市规模的扩大，这些城市工人对日用品的迫切需求问题开始凸显，纺织工业、轻工业急需配套。1956 年，上海有 272 家轻工、纺织等行业的工厂迁往甘肃、河南、安徽等地，并且是资金、设备、技术和人才的一次性转移，涉及造纸、食品糖果、制革制鞋、日用玻璃、塑料制品、钟表材料、牙膏、香皂、文具、轻工机械等方面。上海勤丰搪瓷厂在外迁兰州后仅用一个半月的时间就投入正常生产，有效地满足了当地工作和生活的需要。[1]

在轻纺工厂外迁以后，服务业企业的外迁成为上海支援全国的重要内容。首先金融业有 1 955 人报名在中国人民银行西北区行工作，占整个金融业职工的四分之一。截至 1955 年 9 月，服务业方面共迁出 73 户，从业人员 960 人，另有 3 484 人以个别劳动力的形式输送到各地。

上海精心选择了一批经营有特色、在社会上有影响、产品质量和服务质量优秀的著名商店进行整体搬迁，包括迁往洛阳的老介福棉布店、万国药房，迁往鞍山的国华照相馆、大光明洗染店、老正兴菜馆，迁往兰州的信大祥绸布店、泰昌百货公司、王荣康西服店、培琪西服店、美高皮鞋店、国联照相馆等。这些商店迁往当地后，不仅保持了原有字号，还对当地服务业的发展起到了示范推动作用。迁至兰州的信大祥绸布店打破兰州传统的柜台售货方式，让顾客可以自由地到每一个货架前挑选商品，营业员不仅主动帮助顾客挑选商品，还送货上门。这些都给兰州商业带来了新风，对提高兰州全市商业的服务态度和服务质量产生了良好的促进作用。迁往鞍山的国华照相馆不仅带去了先进的拍摄器材，还经常派人到上海、广州学习并引进先进技术，对鞍山照相业新技术、新工艺的发展起到了促进作用。1963 年，国华照相馆通过派人赴上海学习，引入工业品照相喷修业务，开东北三省工业品照相喷修

[1] 中共上海市委党史研究室编：《上海支援全国》（上卷 1949—1976），上海书店出版社，2011 年。

之先河。[1] 所谓的工业品照相喷修业务是指将工业产品拍照后，为强化其效果而进行的画面修饰，属于广告设计范畴，在没有电脑的时代，喷修技术对传播产品品质信息具有决定性的作用。

为响应周恩来总理提出的“繁荣首都服务行业”的号召，上海也组织了一批服装、照相、美发、洗染、餐饮业的名店迁往北京，其中包括与王开照相馆齐名的中国照相馆，中央、普兰德两家洗染店和华新、紫罗兰、云裳、湘铭四家理发店，以及鸿霞、造寸、万国、波纬、雷蒙、蓝天等 21 家服装店。上海的这批名店带来了高超的手艺，促进了北京服务业水平的提升。华新、紫罗兰等四家理发店迁到北京后成立四联美发厅，成为北京当时最大、最好的理发店之一；由上海迁往北京的波纬服装店等联合组建的红都服装店，曾多次为国家领导人及各国外宾制作服装。同时，上海的这批名店也带来了很多上海独有的经营理念，如中国照相馆把印有自己名号和价目表的小卡片放在店中，由顾客随意取阅。[2]

[1] 中共上海市委党史研究室编：《上海支援全国》（下卷 1949—1976），上海书店出版社，2011 年。
[2] 中共上海市委党史研究室编：《上海支援全国》（下卷 1949—1976），上海书店出版社，2011 年。

第三篇

『产品丛』状态下中国工业设计的作为

第五章　重铸中国工业设计

20 世纪 70 年代是中国工业设计更加迅速回应时代需求的时期。这是由于新中国工业产业链历经多年努力已经初步形成，产业链上的工业产品已经不像初创时期每类产品只有一件或少数几件，以至于需要采用照样复制的方式来满足不同地区生产和生活的需求。经过几年的努力，这时的工业产品组成方式是一个产品丛，即有许多件同类产品，除了品牌标识不同以外，其他功能及样式都相同，犹如一片树林，乍一看都差不多，仔细看才能看出其略有差异。这种情况是中国特有的一个状况。客观地看，形成产品丛的原因之一是当时计划经济的方式，之二则是全国技术水平参差不齐，部分工业体系尚不完备，水平较低，复制样板产品在某种程度上是提高这些地区技术水平的一个直接和必要的方式。

中国工业设计在产品丛形成后积极发挥其长处。一方面基于引进的新技术，通过对产品造型、色彩、材料、肌理等诸多方面的重新设计，造就更高的感性价值。这一时期可以看作是工业设计的“自觉”期，与前述“自主”期产生了质的区别。另一方面，出于人们对美好生活的向往，中国已明确地表现出对优质工业产品的需求，由此推动中国工业设计走向新的目标，同时在反思的基础上赋予工业设计“实用、新颖、美观”原则新的内涵。

第一节 “43方案”背景下的中国经济

20世纪60年代中苏关系破裂后，中国的对外贸易处于萎缩状态，毛泽东曾考虑扩大同西方的经济引进。20世纪70年代初期，西方国家发生了经济危机，急于寻找海外市场，同时中美关系缓和，中国重返联合国，这些都为中国扩大对外引进创造了有利条件。1972年1月22日，李先念、纪登奎等人联名向周恩来报送国家计划委员会《关于进口成套化纤、化肥技术设备的报告》，建议引进中国急需的化纤新技术成套设备4套、化肥设备2套及部分关键设备和材料，约需4亿美元。2月5日，经周恩来批示呈报，毛泽东圈阅批准。8月6日，国家计划委员会又正式提出进口1.7米轧机的报告，8月21日毛泽东、周恩来予以批准。11月7日，国家计划委员会再次提出报告，建议进口6亿美元的23套化工设备。周恩来在批准的同时，要求采取一个大规模的一体化引进方案。

1973年1月5日，国家计划委员会提交《关于增加设备进口，扩大经济交流的请示报告》，对前一阶段和今后的对外引进项目做出总结和统一规划，建议今后3~5年内引进43亿美元的成套设备，这被通称为“43方案”。它是继“156项工程”后的第二次大规模引进计划。以后在此方案基础上又陆续追加了一批项目，计划进口总额达到51.4亿美元。利用这些设备，通过国内配套和改造，总投资约200亿元，兴建了27个大型工业项目，到1982年全部投产，取得了较好的经济效益。如武汉钢铁厂在1.7米轧机投产后的1984年实现利税6.85亿元，比投产前的1979年增长1.66倍，引进的先进技术还在国内同行业推广移植，推动国内轧钢、炼钢技术进一步发展。在“43方案”的带动下，重要的引进项目包括从美国引进彩色显像管成套生产技术项目、利用外汇贷款购买新旧船舶组建远洋船队、购买英国三叉戟飞机等。

“43 方案”促使中国外贸有了突破性的发展。1973 年对外贸易总额是 1970 年的 2.4 倍，1974 年更达到 1970 年的 3.2 倍。成套设备和先进技术的引进，促进了中国基础工业，尤其是冶金、化肥、石油化学工业的发展，为 20 世纪 80 年代经济腾飞提供了必要的物质条件。在这样的大背景下，对于工业产品设计的要求也发生了变化，不再以纯粹的意识形态作为标准，而是提出了以“实用、新颖、美观”为导向的设计原则。20 世纪 70 年代中期，在对外出口轻工业产品方面，我们能够认真务实地听取国际代理商的市场反馈意见，改进自身的设计，在有限地借鉴国际行业领导者设计成果的同时，逐步从中国自身的工艺美术传统中发掘一些元素进行新的设计。

第二节 “产品丛”之于工业设计的难题与作为

“文化大革命”结束后，随着工农业生产的恢复，人们对设计的需求迅速发展起来。这个时期的前期设计具有浪漫的、充满理想主义色彩的装饰及美化风格，后期则回归理性。这个时期的工业设计在“经济自然演进式”发展地区所发挥的引领作用成了一种非常独特的现象。所谓“经济自然演进式”发展地区是指历史上形成了经济与产业优势的地区，以此区别于移植工业地区，前者形成了较强的工业配套能力，具有强烈的契约意识和质量意识，具备很强的现代性。

工业产出效益问题并不是通过宏观经济的调控就能解决的。对于像东北那样的老工业基地而言，其劳动生产率为上海的 50%，就产品质量而言，三类产品（指成品质量较低，有明显瑕疵的产品）的比重也高于上海，但成本却比全国平均高 18%，比上海高 33% 甚至一倍。例如，自行车在吉林省每辆成本 99 元，青岛则为 75 元；火柴在吉林省每件为 7.95 元，徐州为 6.5 元；保温瓶胆在吉林省为 9.2 元，上海为 4.6 元；座钟在吉林省为每台 21 元，上海为 15 元……[1] 就工业产品生产而言，首先要

[1] 石建国：《略论 20 世纪 60 年代东北地区的工业调整》，《中国经济史研究》，2009 年第 1 期。

解决各种技术问题，其次要强化生产管理，之后才是工业设计问题。这些问题不是通过简单的设备、技术和人员的转移在短时间内能够解决的。在需求大于供给的情况下要满足市场供应，必须采取一种简单又有效的方法。

在中国经常可以看到一种设计现象，即当具有较长制造历史的企业推出一款产品之后，一定有数个或几十个不同品牌的相同产品出现，我们称之为产品丛现象，简单地将之归结为不重视知识产权保护或指责其抄袭都是一种不负责任的观点。

首先，20 世纪 70 年代是中国工业产品短缺的年代，工业发达地区的企业囿于自身规模，其产量远远不能满足全国人民的需求。其次，各地政府出于发展区域经济、提高就业水平、建设小而全产业体系的需要，会建设各种门类的企业，并让这些企业生产各类工业产品。从国家行业管理部门的思路来看，当时是本着“全国一盘棋”的思路来搞工业的。

1970 年，轻工业部在北京手表厂组建了由 24 名人员组成的“全国机械手表统一机芯设计组”，设计组分三路赴上海、天津、广州等地考察、学习。经过反复的设计和修改，第一批 SZ1A 型机械统一机芯诞生。1972 年，以宝石花命名的第一批手表统一机芯 ZSE 型机械机芯在上海手表二厂试制成功，走时精度日误差不超过正负 30 秒，达到轻工业部颁布的一级表水平。1974 年 1 月，ZSH 型上海牌统一机芯机械男表在上海手表厂投入批量生产，并先后设计出 ZJH 型机械中型表，19 钻 ZSH/1 型、ZJSH 型机械日历男表，25 钻 ZCSH 型机械自动男表等系列产品。[1]

统一机芯的特点是便于安装调整，显著地提高了走时精确度，而且机芯厚度较薄，造型美观。国家制定统一的质量标准便于产品大量投入生产，也便于产品质量检查和维修。在机芯设计中，考虑了增加日历、周历、自动上条等附加装置，便于多品种发展。[2] 在这个过程中，上海产的钻石牌手表坚持自主研制机芯，所以在相当长的时间里成为抢手产品。

在自行车行业，以永久牌自行车设计为基础的各类复制产品几乎遍及全国。在汽车设计方面，以解放牌中型载货汽车、北京 BJ212 型吉普车技术和外观为基础的

[1] 上海市地方志办公室：《上海轻工业志》第一编第八章第二节。

[2] 许耀南：《70 年代的统一机芯表》，《钟表》，2006 年 2 期。

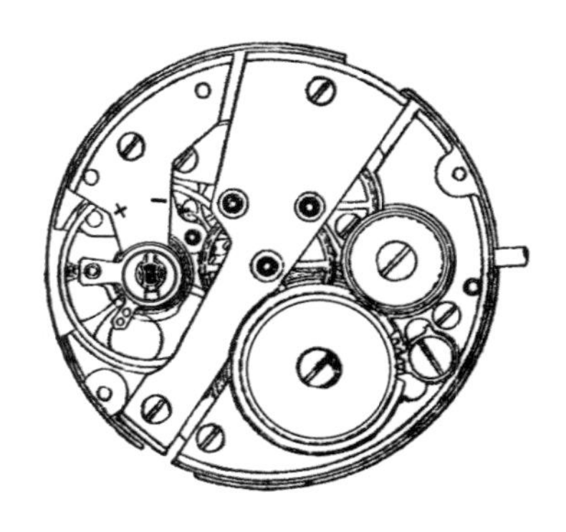

图 5-1　SZ1A 型机械统一机芯

各种品牌的产品也迅速涌现。在照相机行业也存在这种情况，在海鸥牌 4B 型 120 双镜头照相机定型后，虽然没有推广，但还是产生了一大批结构、外观相同的产品，其最大的不同是品牌名称和图形。因此破解产品丛的格局成了今后中国工业设计的重要任务。

第三节　工业设计再造产品魅力

20 世纪 70 年代中期，中国工业制造企业不同程度地完成了一次技术设备升级改造，以适应提升产品品质的需求，同时组织技术攻关，克服了一大批产品制造中的难点，也发现了多年来一成不变的产品与现实需求之间已产生很大差距。再造产品魅力是解构产品丛的有效手段。

在轿车设计方面，以行业研究所为骨干力量配合企业升级旧产品。20 世纪 70 年代，用户对上海牌 SH760 型轿车陈旧的外形反响较多。1974 年，上汽决定对车身的头部及尾部做局部的改动：将发动机盖的前端和行李箱盖的拱形改为平盖形，将"冠"形面饰改为横条形水箱栅，增大前挡风窗的视野面积，前后转向灯改成组合式，圆形大灯改为方形等。改型后的轿车为上海牌 SH760A 型[1]。综观整个改型设计过

[1]　上海市地方志办公室：《上海汽车工业志》第一篇第一章第一节，2003 年。

图 5-2 《苏联汽车设计教程》原版书封面

图 5-3 《苏联汽车设计教程》原版书扉页（1）

图 5-4 《苏联汽车设计教程》原版书扉页（2）

程，可以看到当时的设计师已经能够比较自觉地应用工业设计的方法，强调“形式追随功能”的原则，突出用几何形态来塑造整体车身。其中最重要的设计成果是将原 SH760 型的品字形前脸改成以横直线为主，前大灯进一步嵌入整体造型之中，整体车身更多地应用平直表面和直线。应用平直表面带来的不仅是视觉上的改观，更解决了许多原型号产品中的重大缺陷。第一是原后窗整体设计弧形较小，在实际使用中，特别是有强光照射时会产生“聚焦镜”的效应，极端情况下会导致车内织物燃烧，存在安全隐患，而改进后的设计较好地解决了这个问题。第二是在前一代产品前轮罩处的一条镀铬装饰弧线被取消，因为这仅是一条装饰线而已，没有具体功能，而且与整体车型也没有什么逻辑关系。第三是尾部设计全部采用直线，改变了前一代产品尾灯的造型。最后是在保持整体美观性的前提下，车轮轮毂采用铁壳镀铬技术，降低了生产成本。上海牌轿车作为当时中国唯一一种批量生产的中级小轿车，历经重大改型设计，形成了基于更大批量制作的新模具并建立了配套企业体系。

原上海市拖拉机汽车研究所为中国颇具设计开发和工程设计能力的单位，同时该所还有较强的设计资料整理及编辑意识。《苏联汽车设计教程》是苏联1974年出版的汽车设计教程，其中轿车车型的设计对上海牌改型具有较大影响。随着设计工作经验的积累，上海市拖拉机汽车研究所希望有更多的资料参考，而《轿车设计》是其1977年出版的参考资料。本书翻译自苏联莫斯科机械制造出版社1971年出版的《轿车设计》一书，原书分为两部分：第一部分的主要内容是编制轿车技术任务书，绘制总布置草图及选择主要总成的结构形式；第二部分的主要内容是轿车总布置设计及主要总成的基本性能设计。1977年在中国出版的《轿车设计》翻译的是该书的第二部分。[1]

1977年9月，毛主席纪念堂在北京天安门广场落成，其中的照明灯具设计一改过去在庄重、主流场合一味强调用民族风格和装饰风格进行产品设计的传统，改为用十分纯粹的几何形态进行设计。

据当年在北京建筑设计院任职的柳冠中回忆，纪念堂的灯具设计要求绝对“安全、可靠、易安装、易维修”。为此，北京建筑设计院专门成立了灯具设计组负责开展具体的设计工作，并提出了几十个设计方案。在这些方案中，柳冠中提出的设计方案第一次将建筑结构中的“球节点网架结构”运用于灯具设计，即以

图5–5 《轿车设计》封面

[1] 蒋昉初、顾三明、邬惠乐、胡子正译：《轿车设计》，上海市拖拉机汽车研究所内部资料，1977年。

10 cm × 10 cm 的尺寸做成单个吸顶灯，由此发展成这个倍数的中型灯具，在此基础上还可发展成光带或形成整体发光的顶棚照明，甚至可以呈现多层的巨大灯群。这套设计被称为“球节点网架结构组合晶体灯系列”。球节点灯具结构零件很小，标准化程度很高，模具简单，极易更换。柳冠中设想用无色透明、耐高温、强度极高的聚碳酸酯为材料，保证整体的透光性，使整体造型像水波涟漪。

当时中国没有聚碳酸酯这种材料，也不具备加工条件，为了达到设计效果，通过国家物资部门从联邦德国进口了这种原材料。为了落实制作工艺，柳冠中五下浙江调研，选择了数家注塑工厂，蹲点与技术人员共同解决各种技术问题，终于达到了预想的效果。

上述两个设计案例说明，从设计方法来看，20 世纪 70 年代的中国设计人员已经比较熟知工业设计开发的正向流程，形成了“概念设计—技术应用—工艺组织—材料设计—生产制造”的过程，同时已经具备了比较成熟的设计管理的意识和方法，能够在关键产品的设计方面确保成功，而且工业设计在整个工作流程中具有相应的位置，并受到团队所有人员特别是决策者的尊重。在思想观念方面，明确以“形式

图 5-6　球节点网架结构组合晶体灯系列（1）

图 5-7　球节点网架结构组合晶体灯系列（2）

图 5-8　工厂职工在装配灯具

追随功能”的现代主义设计原则为指导思想，以实现高质量批量生产为目标。在设计风格方面，采用现代化的设计语言来体现产品的寓意，表述产品的技术特征，并以恰当的材质支撑设计观念。

在 20 世纪 70 年代，设计人员能够充分考虑材料及工艺的特性和可行性。以上海牌轿车为例，成本控制以及专业化零部件供应体系的建设都是通过精心的设计、协调和不断的试制加以实现的。对于轿车而言，当时仍未进入市场，所以在品牌意识、品牌语言、品牌风格方面欠缺思考，也没有市场通路、消费者定位以及消费利益点方面的思考。但无论如何，工业设计再造了产品的魅力，集成了相当的制造技术力量，同时通过设计活动也积累了经验，锻炼了设计队伍。

1978 年 12 月，中国共产党十一届三中全会召开，标志着将工作重点转移到社会主义现代化建设上来。1979 年，中央对经济工作提出了“调整、改革、整顿、提高”的八字方针，从根本上促进了各类产品的更新换代，也使工业设计工作的地位日益提高。增加花色品种，主动开拓市场成为企业的主旋律。1979 年 6 月 25 日，宁江机

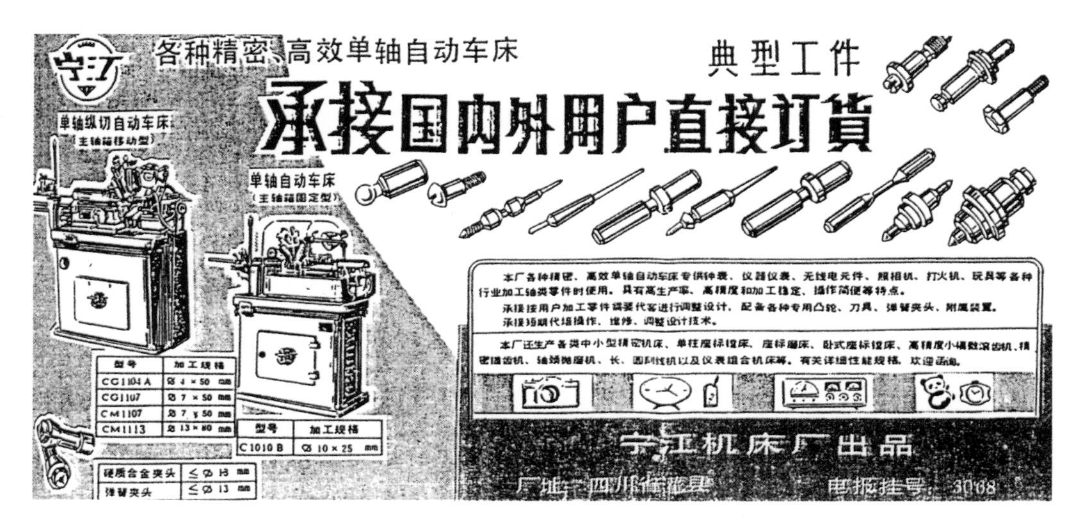

图 5-9　宁江机床厂在《人民日报》刊登的广告

床厂在《人民日报》刊登承接国内外用户直接订货的广告，这是中华人民共和国成立后中国机械工业突破计划经济体制的第一份广告。[1]

第四节　工业设计支撑理想生活

事实上人们不会满足于物质产品缺失状态下的生活现状，因而在当时社会上流行着关于“合格生活”和“优质生活”的两种物质标准。“合格生活”家庭首先要具备“36 条腿”家具，所谓“36 条腿”是指当时的家具款式都有“立脚”做装饰，每件家具有四条腿，一般由九大件组成，即餐桌、四把餐椅、大衣柜、五斗橱、双人床、沙发。这样可以满足家庭一般生活要求了。所谓“优质生活”即组织一个家庭除了要若干条腿的家具之外还要具备“三转一响带咔嚓”五大件工业产品，所谓“三转”指自行车、缝纫机、手表，“一响”指无线电收音机，后来指电视机，“咔嚓”指照相机。即便凑不齐五大件，也会优先考虑购买自行车、缝纫机、手表这三大件。

[1]　中国机械工程学会：《中国机械史——图志卷》第三篇第四节，中国科学技术出版社，2011 年。

当时家具都可以自购木料打制，而“三转一响带咔嚓”五大件则必须依托产业发展，通过工业化批量生产来实现。在20世纪70年代以前，这五大件产品均已诞生，只是作为“奢侈品”没有进入普通家庭的生活。另外，虽然产品诞生了，但只能有限地批量生产，其技术、工艺，特别是外观、材料、色彩方面还有欠缺，迫切需要进行各方面的改良。

从这些产品的生命周期来考察，如果说20世纪50年代末至60年代初是产品成长期的话，20世纪70年代则应该是产品的成熟期——企业在积累了经验以后通过工业设计推出升级换代的产品。为了更好地表述20世纪70年代中国工业设计的特征，这里引入使用价值和感性价值两个维度来表述。所谓使用价值是指一件产品能够满足使用者生理需求的效用，所谓感性价值是指一件产品能够满足使用者感觉和心理需求的效用。[1]就日用产品而言，一般来说处于成长期的产品关注的是使用价值，但进入成熟期后，由于已经较好地解决了技术问题，进而会关注产品的感性价值，或更直接地说会关心产品的造型、色彩和肌理，同时通过工业设计优化产品零部件制造的方式，以求降低成本，追求更大规模的量产效应。

图5-10　工人正在对即将出厂的海鸥牌120照相机做最后的检查

[1] 沈榆：《现代设计》，上海科技教育出版社，1995年8月。

以海鸥牌 4B 型 120 双镜头照相机为例，据日本古典相机爱好者陆田三郎所讲，该照相机与 4A 型照相机相比，“其镜头与 4A 型相同，是三片三组，但光圈大小从 f2.8 改为 f3.5，上胶卷的结构也比 4A 型相机简化了，用的是小小的圆形塑料旋钮，对焦钮不像 4A 型是中空的，被简化成实心的，景深显示移到了旋钮外面，摄影张数要从机身后面的红色窗户才能确认”。[1] 由此可见，从技术上将最小光圈从 f2.8 改为 f3.5 降低了制造难度，对焦方式更符合普通人的习惯，而在外观设计上显得功能性很强，没有多余的设计，也很干净利落，具有亲民性，因此处于使用价值大于感性价值的状态。

钻石牌手表的设计在 20 世纪 70 年代一枝独秀，这得益于企业在发展过程中长年积累的技术，坚持自主超薄机芯的开发，不采用统一机芯，并在设计上力争体现当时设计师所能表述的“未来感”，特别是数字都采用“抽象元素”做设计，简洁明快又不失功能性，处于感性价值大于使用价值的状态。对于自行车、手表、缝纫机、收音机、照相机这“三转一响带咔嚓”五大件产品而言，20 世纪 70 年代更着重于优化产品的整体性能，特别注重注入感性价值的设计。永久牌自行车、蝴蝶牌家用缝纫机在外观质量上均有重大提升。

图 5-11　中国 20 世纪 70 年代普通家庭所拥有的工业产品

图 5-12　中国工业设计博物馆内复制的 20 世纪 70 年代上海石库门的生活环境

[1]　陆田三郎著，井岗路译：《中国古典相机故事》，中国摄影出版社，2009 年。

华生牌电风扇设计年代久远，曾因没有新的设计产品替代而进入市场衰退期。1973年至1974年间，上海华生电扇厂在上海轻工业专科学校吴祖慈等师生的协助下，两次改进40 cm台扇造型，随后迅速打入中国香港市场。1976年正值国内电风扇热销时期，该设计被竞相仿效。[1]这是在地方志中记载的为数不多的工业设计行为。这次改型设计首先确立了新时代电风扇产品的典型形象，直至20世纪80年代后期，中国的电风扇造型设计均未有重大改变。其次得益于国家引进的国外先进生产设备项目，华生电扇厂有了新的镀铬设备和工艺，能够支撑其产品的设计和生产。在采访吴祖慈教授时他提到：全国轻工业系统的科技情报工作恢复较快，有来自世界各国的新产品、新技术、新专利、新发明（所谓四新）的资料和工业设计动态信息。可以认为，工业设计延长了产品的生命周期，这种与国外工业设计实践并无二致的方法是破解产品丛的有效方法。

第五节 “78计划”下的工业设计

1977年11月，在1975年制定的《1976—1985年发展国民经济十年规划纲要（草案）》基础上，国家计划委员会重提：到2000年分三个阶段打几个大战役，建设120个大项目，20世纪末使中国的主要工业产品产量分别接近、赶上和超过最发达的资本主义国家，各项经济技术指标分别接近、赶上和超过世界先进水平。实现这个大规模建设规划的主要手段就是扩大引进外国资金和设备。从1978年初起，中国陆续派出了谷牧、林乎加、李一氓等率领多个中央考察团到欧洲、日本、中国香港以及中国澳门等地访问。1978年6月谷牧提出，我们与国外先进水平已经有很大差距，应当利用当前国外资金过剩的有利时机，扩大对外引进。到会的叶剑英、李先念等中央领导人纷纷表示热烈支持。1978年7月6日至9月9日，国务院召开务虚会，60多位部委负责人参加并做了汇报，对外引进是重要议程之一。

[1] 上海市地方志办公室：《上海美术志》第一编第十五章第二节。

1978年决定从日本引进成套设备，在上海宝山新建一个年产铁650万吨、钢670万吨的大型钢铁厂，总投资214亿元人民币。3月20日，国家计划委员会、国家基本建设委员会下达《1978年引进新技术和成套设备计划》，批准各部门用汇总额85.6亿美元，当年成交额59.2亿美元，当年用汇11.7亿美元。这个计划实际上达到协议金额78亿美元，简称“78计划”。12月5日，化工部向国家计划委员会和国务院报告，年内同国外签订了9个化工成套设备引进项目，有大庆石油化工厂、山东石油化工厂、北京东方红化工厂各1套30万吨乙烯生产装置，南京石油化工总厂2套30万吨乙烯装置，吉林化学工业公司1套11万吨乙烯关键设备，浙江化肥厂、新疆化肥厂、宁夏化肥厂各一套30万吨合成氨生产装置，山西化肥厂30万吨合成氨装置。这个项目包括国内工程投资共需160多亿元。除此之外，1978年签订的成套引进项目还有100套综合采煤机组、德兴铜基地、贵州铝厂、上海化纤二期工程、仪征化纤厂、平顶山帘子线厂、山东合成革厂、兰州合成革厂、云南五钠厂、霍林河煤矿、开滦煤矿、彩色电视项目等。整个1978年，引进项目已经签约58亿美元，相当于1950年到1977年这28年间中国引进项目累计完成金额65亿美元的89.2%。

“78计划”执行时中国面对的国际、国内环境，与前两次引进高潮相比有了很大变化，使中国的引进思想出现了一个认识飞跃。当时的国际环境是十分有利的，美国刚刚从越南战争中抽身，无力再干预其他地区事务；苏联也因为要插手阿富汗而无暇他顾，冷战局势处于低潮。在经济方面，西方国家刚刚从经济萧条中走出，空闲资金较多，急需扩大海外市场。1978年出访的中国代表团所到之处，西方官员和商人都表现出愿意同中国发展经济合作的强烈意向。当时的另一方面，日本、韩国、中国台湾等国家和地区通过引进实现经济起飞，成为亚洲的样板。20世纪70年代初起，中国台湾在继续发展加工出口工业的同时，开始推动第二次进口替代工业。到1978年，中国台湾重工业生产比重首次超过轻工业，有了较为齐全的工业体系。

1978年2月，在中央政治局讨论“十年规划”时，邓小平指出：引进先进技术，我们要翻版和提高，这是一项大的建设。关键是钢铁，钢铁上不去，要搞大工业是不行的。早点引进，抢时间，要加快速度谈判。对共同市场，也要迅速派人去进行技术考察，几百亿的长远合同要考虑。要进口大电站、大化工设备。叶剑英说：进口问题，中央要抓，抓紧一点，抓快一点，否则三年、八年很快过去了。会议初步确定了对外引进的180亿美元的规模。

在“78计划”执行中，出现了急于求成的倾向。1978年，全年78亿美元协议金额中，有一半的金额是在12月20日到年底的短短10天里抢签的合同。这么多大项目同时引进，对国家财力是很大的负担，对整个国民经济也有很大的冲击。早在6月，邓小平曾有所警惕，要求“对于引进的项目，要慎重安排”，“要排两个队，一个是项目的排队，按照轻重缓急，一个是时间的排队，分个先后次序，不要抢在这一两年”。1978年12月的中央工作会议上，陈云指出：工业引进项目，要循序渐进，不要一拥而上，看起来好像快，实际上欲速则不达。这是第一次把比例失调的问题摆到全党面前。1979年3月，陈云、李先念联名写信给中央，建议用两三年时间调整经济，把各方面的比例关系大体调整过来。中央研究后表示赞同。邓小平指出：现在的中心任务是调整，首先要有决心，过去提以粮为纲、以钢为纲，到该总结的时候了。1979年6月，国家正式通过了“调整、改革、整顿、提高”的方针，决定用三年时间完成国民经济调整，严格控制引进规模，重点引进投资少、见效快、换汇率高的单项。尽管存在着种种问题，“78计划”仍然大大突破了过去的引进框架，有着重要的开创意义。

在这样的背景下，中国工业设计瞭望国际发展形势的窗口被完全打开，国际行业领导企业的工业设计成果被视为学习和追赶的目标。在引进国际先进技术的同时，传统出口换汇产品也在引进先进设计理念、更新产品质量方面取得了积极的成效。景德镇日用陶瓷出口向品牌化方向迈进，产品系列更加丰富，特别注重对传统纹样进行新的设计，以适合国际消费市场的需求，同时其装饰风格清新并更具有浪漫色彩。特别值得一提的是1979年以后由光明陶瓷厂生产的日用青花陶瓷餐具，不仅能分别适合中、西餐的功能需求，而且通过组合、分解能配置出从15头到145头不同规模的套装餐具，适合不同的人群。该系列产品曾出口到世界100余个国家和地区。

在 20 世纪 50 年代末曾创造外贸良好业绩的美加净品牌在 20 世纪 70 年代末又发展出新的产品。得益于国际经济技术交流工作的展开，1978 年顾世朋在参加国际技术交流会中看到法国香水设计师设计的“AZZARO”香水，它采用塑料与玻璃结合的包装，成为当时国际市场上销量和销价最高的香水。顾世朋深受启发，虽然当时公司没有香水产品的开发设计业务，但他主动进行香水的包装构思，并完成了效果图。得到公司领导支持后，顾世朋花了一年多的时间反复调试终于完成了初样，同时又发展出了以铝合金为主的香水包装。“美加净龙凤香水”以小巧精致的玻璃瓶为母体，配上刻有龙凤图案的金黄色铝外套，然后装入一个做工精细的缎盒中，产品整体造型古朴典雅，具有浓厚的东方色彩。“美加净镶嵌式香水”采用国内首次出现的一种香水新包装，设计师在一个风油精大小的小瓶外穿上了一件中间留有空心透明三角的黑色外套，标有“MAXAM”字样。瓶盖是黑色的，中间嵌有一条细细的金线，一块长方形的金色扁铝片穿过瓶盖口把瓶身的黑色外套紧紧扣住，整个设计宛如一件工艺品。“美加净镶嵌式香水”在 1983 年的春季广州交易会上轰动了谈判室，首次订货就出口了数千打，创下了历史纪录。1984 年，美加净香水第一次远航到香水王国法国，这也是我国香水第一次进入西方市场。

“别人有的我要有，别人虽有的我必须要比别人好，别人没有的我也要有，不断改革创新是设计中追求的最高目标。”[1] 这是顾世朋对自己的要求。作为中国第一

图 5–13　美加净龙凤香水

图 5–14　正在办公室中进行设计工作的顾世朋

[1]　顾世朋：《我与美加净》，《世纪》杂志，2007 年第一期。

代品牌设计师，顾世朋曾这样回忆自己的设计生涯：“在几十年工作中我体会到，产品包装设计不仅是平面的艺术创新，而且必须结合消费生活需求以及重视新材料、新工艺的应用；同时，还需要形成团队意识，解决个人难以逾越的技艺难关，使个人有限的能力得到提高、补充，从而获得更大的创新发展空间。一个成功的设计师必须深入生活、深入市场，从洽谈生意、参观访问、翻阅资料中以设计人员独特的敏感吸收创作素材，并将应用与艺术相结合来创作设计产品的包装装潢。”除了美加净以外，蜂花、蓓蕾、白猫、海鸥、蝴蝶、芳芳、裕华、上海家化等许多国产品牌都诞生于顾世朋的笔下。

向阳牌保温瓶在中国轻工业行业享有崇高的品牌地位，工厂于1979年自行设计试制了气压式热水瓶，原上海保温瓶二厂的胡协仑在回忆四轮设计时认为：除解决技术问题外，更主要的是更新保温瓶的造型特征，与原有的产品产生较大的差异化。从最后的产品来看，整个瓶体造型十分有机、流畅，一气呵成，使该产品成功出口到世界各地。由此可见，融入国际市场，学习、熟悉市场规律，确立市场引领工业设计的关系，发挥品牌力量是破解产品丛的现实之路。

另外，由于历史原因，工业设计在西北地区发挥的作用着力点与上述不同。在《20世纪50~70年代陕西重工业化结构成因探析》中分析认为，自抗日战争起，民国政府在陕西投资了军工企业和其他重工业，由于沿海轻工业逐步迁至陕西，其工业崛起，虽抗战胜利后又纷纷回迁，但未对重工业产生影响。1957年至1965年，陕西配套的50个大型骨干项目中，重加工业42个，机械工业占到三分之一。三线建设时期，新建的100多个项目中，重加工业88个，机械工业（包括军工）占到三分之二以上。建成的项目有国营秦川机械厂、华山机械厂、东方机械厂、昆仑机械厂、惠安化工厂、西北光学仪器厂等兵器工业企业，有远东机械厂、庆安公司、秦岭电气公司、宝成仪表厂等航空工业企业，还有黄河机器制造厂、长岭机器厂和西北机器厂等电子工业企业。

1963年，国家又投资了一批国防工业项目，主要有航空微电机厂、航空液压泵厂、航空助力器厂、航空自动控制厂、中程警戒雷达厂等企业，并在汉中投资兴建了大

图 5-15　第一批延安牌 SX250 型五吨军用越野车下线

型运输机制造公司。至 1978 年，陕西航空工业系统全部形成，拥有生产企业 28 个，科研所六个，高等院校和技校四所。电子工业则形成了从元件、器件、仪器、仪表、专用设备到整机生产的完整体系，为中国卫星、导弹发射以及电视卫星接收、转播的现代化发展奠定了基础。

工业设计在西北地区制造重大军工产品方面发挥着巨大的作用，特别是在制造延安牌 SX250 型五吨军用越野车、汉阳牌 HY461 型牵引车改进设计方面。这些装备类产品与日用产品的设计价值取向迥然不同。1971 年，汽车专家孟少农调到陕西汽车集团“革委会”任副主任，主管技术工作，他提出“严试验、缓定型”，“实验要充分暴露薄弱环节”的要求。之后，中国人民解放军总后勤部安排全面实验考核第三轮样车。时至 1973 年 12 月，延安牌 SX250 型五吨军用越野车历经四轮攻关和改型设计，克服了技术上的诸多难题，特别是改变了上一代产品中驾驶室造型过于复杂的情况，解决了驾驶室玻璃除霜效果不好以及室内温度低的问题，重新设计了采暖除霜装置，在驾驶室前围两侧各装一套暖风机，达到了良好的效果。[1]

69 式坦克全重 36.7 t，配备功率为 426 kW 的柴油发动机，车体和炮塔与 59 式坦克相似，但是主炮使用 69-Ⅱ式线膛炮，附加武器与此前型号的坦克类似，配备现代化瞄准设备、通信系统、激光测距仪和弹道计算器。69 式坦克是第一种中国自行研制的国产坦克。最初该项目只是对 59 式改型坦克进行深度升级，但 1969 年中国

[1] 陕汽厂志编委会：《陕汽厂志》，2005 年。

图 5-16　69 式坦克

军队成功在珍宝岛战役中缴获一辆苏联 T-62 坦克，中国专家认真研究，吸取结构和设备中的一些新设计，根据相关情报信息改良了 69 式坦克，使之很快投入了量产。虽不是脱胎换骨，但还是在 59 式坦克的基础上有所发展和创新。与 59 式坦克相比，69 式坦克的外形没有很大的变化，仍然保持了苏制坦克低矮和流线型的外形。不同的是，火炮的抽气装置较之 59 式坦克稍稍后移了几十厘米；炮塔前上方有一个十分明显的红外线大灯和一个长方形的激光测距仪；车长指挥塔上方有一个小一些的红外线大灯。虽然完成后的量产型 69 式坦克由于在火力方面和国外坦克依然存在巨大差距而没有获得军方的认可，但是却引起了国外用户的关注。第一份出口合同于 1983 年与伊拉克签订，之后其他第三世界国家也对它表现出了兴趣，仅中东国家就引进了 2 000 多辆 69 式坦克。另外，中国与巴基斯坦、苏丹的合同还规定协助当地企业组装这种坦克，部分零件由其自主生产，部分从中国购买。

第六节　第三次工业革命对中国工业设计的影响

20 世纪 70 年代，国际工业设计界自身正经历着一场革命。第二次世界大战以后的经济恢复期，特别是从 20 世纪 40 年代开始的人类历史上的第三次工业革命改变了人类生活的轨迹。这次科技革命涉及领域广泛，规模空前，影响深远，它以量子学、基因论和相对论的创立为科学基础，以原子能、电子计算机和空间技术的发明和应用为标志。

在国际工业设计界大量应用合金钢、合成纤维、塑料、钛合金等复合材料时，全球在 20 世纪 70 年代中期又迎来一场微电子技术的革命，生物工程及其应用、激光的应用、能源科学、海洋科学、材料科学、遥感技术、超导技术等不断地出现新的突破。纵观历次工业革命对人类社会的影响可以看到，以蒸汽机应用为代表的第一次工业革命极大地提高了生产力，使资本主义制度得以巩固，并开始了西方国家城市化的历程，同时使世界形成了东方从属于西方的格局。以电力广泛应用为代表的第二次工业革命则使生产力得到迅猛发展，并出现了发电机、电灯、汽车、飞机以及新的通信手段和各种新的材料、物质。而国际工业设计的思想也就是在这个时间段酝酿成熟的。第三次工业革命的出现使得科学技术转化为生产力的速度加快，科学与技术密切结合，互相促进。科学技术渗透到人类生活的各个方面，而科学技术造福人类的一个途径就是通过工业设计创造优质的产品。于是国际工业设计业随之进入了一个巅峰期，无论是在早期德国包豪斯创导的“形式追随功能”的理论指导下创造的设计，还是以后的乌尔姆设计学院的设计，都证明了工业设计能够提升生活品质，促进经济结构的优化，提升产品竞争力。

面对以电子计算机技术为代表的“新技术”，包豪斯及乌尔姆的设计理念显得有些力不从心，于是乌尔姆设计学院于 1968 年关闭了，“产品造型由于功能因素过分突出而阻碍了设计的多样化。于是‘后现代’主义的设计师们提出了新的概念。即遵循人性与感性的自由设计思想，摒弃功能主义的设计理念。”[1]20 世纪 70 年代中期在日本大阪举办了一次世界博览会，本次博览会的主题是“人类的进步与和谐”，其规划和创意都体现了新技术革命对人类生活的影响。在经历了 20 世纪 70 年代两次石油危机以后，1982 年在美国诺克斯维尔举行的世界博览会上，以“能源：世界的原动力”为主题，展示了新技术革命对当代人民生活的影响。作为国际工业设计

[1] 董占军、郭睿：《外国设计艺术文献选编》，山东教育出版社，2002 年。

图 5-17　阮崧为表述设计改进想法使用的示意图

图 5-18　阮菘设计的电子钟

发源地的德国在这样的背景下，在其年轻设计师们的主导下推出了不同于他们前辈的工业产品设计。这些工业产品融入了电子时代的精神，造型更加轻盈、灵活，更有动人的外观和材料质感。同时鉴于电子产品不同于机械、电气产品的事实，荷兰的飞利浦公司推出了“友好设计系列产品”，而日本的设计师则探索“界面设计”的特性。总之，全球工业设计发达国家的设计师们不再将功能与形态作为两极去协调，而是根据电子时代产品的诸多要素进行思考。随着微电子技术的发展，电子产品日益微型化，而设计必然顺应这种趋势，越来越简单明了。世界上大部分电子产品的设计企业都采用了这种在新的微电子技术条件下形成的新理性主义和功能主义的方式。[1]

如果说三五牌台钟是机械钟当中设计造就名牌产品的典范，那么进入电子时代，电子钟的设计语言则完全不同。1979 年，上海人民美术出版社出版的《实用美术》杂志刊登了阮崧撰写的《从闹钟造型谈起——试谈产品造型与生产的结合》一文，从中可以看出，中国新一代设计师已经敏锐地感受到新时代设计观的变革。他举例“小方双铃闹钟的提环设计”，每个造型的完成必要经历设想（构思）—图稿—模型—产品四个过程。在这过程中要经过反复修改，才能使新的造型诞生。为什么有些优美的造型设想不能实现而成为泡影呢？很多是由于设计者对生产工艺不熟悉，加工

[1]　朱淳、邵琦：《造物设计史略》，上海书店出版社，2009 年。

图 5-19　阮崧设计的两款电子钟

手段缺乏所造成的。例如，小方双铃闹钟的提环设计，由于开始时设计师对冲压工艺不熟悉，不敢大胆创新，造型单薄不协调，后在冲压师傅的帮助下，改进了工艺，设计成提环，造型美观、饱满，受到了消费者的好评。但也有因设计不当而无法加工的，连接圆弧不符合加工需要，塑料件不能脱模等，都会造成产品碎裂。但设计师学习、熟悉、请教的目的是“变革现实”，增加表现手段，丰富自己的作品。

造型设计者不但要熟悉本行业现有的工艺技术，而且要借鉴其他行业较好的加工技术，更要敏感地、广泛地吸收和采用新技术。设计师应是新技术、新材料、新工艺的支持者。只有不断应用新技术，攻克技术难关，才能使自己的作品攀登新的高峰。[1]

阮崧同时指出：挂钟、闹钟与手表不同，手表是个人使用的产品，任何简练的艺术设计刻度都可以被接受，但挂钟和闹钟不一样，考虑到家庭中老人、小孩使用的实际情况，最好能用数字方式标注 3、6、9、12，其余用符号替代，外壳材料更要体现时代感。由此可见，设计师自觉接受新技术的洗礼，并在此背景下探索和确立工业产品新的形态特征是破解产品丛的直接手段。

[1] 阮崧：《从闹钟造型谈起——试谈产品造型与生产的结合》，《实用美术》杂志，1979 年第一期。

第七节　产品发展与工业设计

中国产品历经多年技术更新和设计，加上工业设计解构产品丛的不懈努力，至20世纪70年代末，中国的工业产品已经具备了完整的价值。所谓的“价值”可以理解为通过工业设计使产品具有满足中国人的需求的能力。在日常生活产品方面，其质量的提升在一定程度上提升了中国人的生活品质；在装备产品方面，通过进一步的改良，适应了国防的基本需求，同时强化了生产相关产品的能力。

如果将20世纪70年代这些产品的价值细分为使用价值和感性价值，再结合自产品诞生开始经历的各个阶段进行分析，对这个时代的工业设计成果的理解会更加透彻。

如果将一件产品所具有的能够满足人生理需求的效用称作使用价值，那么，满足人的感觉和心理作用的效用便可以称作感性价值。一件产品的价值实质上是以上两种价值的总和。虽然所有的产品设计都可以遵循工业设计的原则，但就生活产品的设计而言，应该侧重于考虑形态、色彩、表面材质等能体现感性价值的要素，而装备产品的设计却应侧重于考虑使用价值。因此，在设计展开时，装备产品的设计要更多地让工程技术人员来参与，并始终合理掌握两种价值所占的比例。

从市场竞争的角度来看，一件产品从进入市场到退出市场一般需要经历导入期、成长期、成熟期及衰退期四个阶段。在生活产品刚刚进入市场，并且刚被消费者所认识的时候，设计师一般比较注重使用价值的创造。即使在成长期，也是以改造自身功能为主，适当增加感性价值创造的成分。随着生活产品在市场上进入成熟期，使之魅力不减以及不过早走入衰退期的一个重要方法是考虑在设计中增加感性价值创造的成分。就装备产品来讲，在其价值总和中，使用价值占了相当大的比例。在产品导入期，装备产品的使用价值毫无疑问会被放在首要地位考虑。设计和创造更好的使用功能是一项长期的任务，一直会持续到产品的成长期及成熟期。装备产品不能主要依靠感性价值的创造来延长生命周期，在改进设计时，也要尽量考虑感性价值的改良，以免被其他具有更恰当的双重价值的装备产品所击败。但由装备产品的特征所决定，感性价值的设计创造是在不影响其各种使用价值的正常发挥和遵守国家及世界通用的制造标准的前提下进行的。[1]

诞生于 20 世纪五六十年代乃至 70 年代的中国产品至 20 世纪 70 年代末都已经跨过导入期，进入成长期。综合上述因素，笔者将 20 世纪 70 年代中国工业设计的特征列成图，从中可以看出工业设计在20 世纪 70 年代针对不同类型的产品的发力点，同时也可以预测 20 世纪 80 年代工业设计的走向和任务。

从图中可以看出，工业设计对装备产品与生活产品的发展形态发挥的作用是不

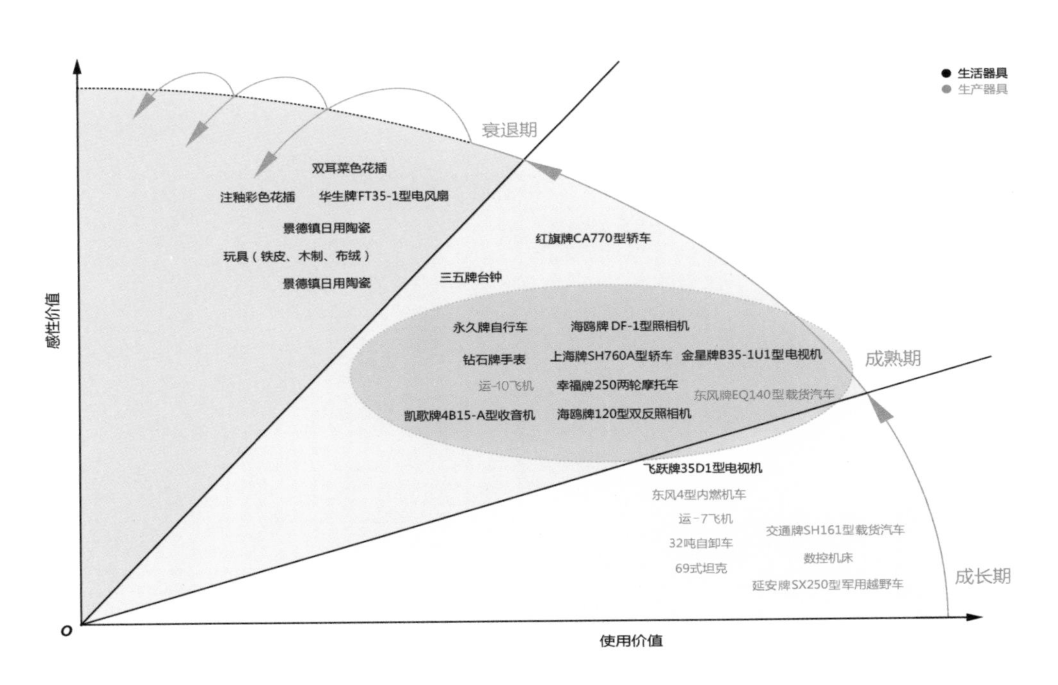

图 5–20　20 世纪 70 年代中国工业设计的特征

[1] 沈榆：《现代设计》，上海科技教育出版社，1995 年。

同的。69式坦克、运-7飞机、东风4型内燃机车等在设计时关键强调使用价值，但感性价值不高。经过若干轮设计后的产品显然已经进入成熟期，在坐标轴中使用价值与感性价值几乎相当，其中上海牌SH760A型轿车经过改型提高了使用价值和感性价值，但在设计中始终强调批量生产，故其使用价值略大些；反之，红旗牌CA770型轿车作为国车，其感性价值略高于使用价值，也就是说在其设计中象征性的要素更多一些。至于像景德镇日用陶瓷等一类产品的设计主要是感性价值的注入，作为产品自身来讲已经经过成熟期进入衰退期，此时工业设计要设法增加一些新的工艺、纹样，更新包装，这样才能延长产品的生产线，避免产品退出市场。

第六章

中国工业设计振兴

中国工业设计历经“自发”期、“自主”期、“自觉”期的发展，在20世纪80年代初又面临着新的转折，同这个时期的中国工业化发展道路和政策之争一样，中国工业设计业面临着一次重大的反省。

由于确立了优先发展轻工业的国家经济战略目标，并通过当时的宣传画将之大量形象化地传播，再加之改革开放后更多的海外工业设计信息不断地进入我们的视野，这些为中国工业设计的快速发展营造了很好的气氛。应当继续沿着过去的思路发展，还是全盘照搬欧美工业设计的思想与方法，这是整个十年间一直争论不休的问题。这种争论表明中国工业设计的发展已经进入“自新”期，所谓的“自新”其内涵是纠正错误，重新思考，再图发展。在这个过程中，中国工业设计曾经有过发展速度减缓的时候，特别是当我们转换发展经济的思路，引进新的国外较先进的制造技术、成熟产品的时候，很容易陷入迷茫状态。

中国工业设计的重大变革时期特别期盼有新的理论指导，而这种“理论智慧”在以往中国以“实践智慧”为特征和导向的工业设计中是难以产生的。恰在此时，由原轻工部派遣至日本、德国学习工业设计的院校专家首先带回了成熟的工业设计理论，成为中国工业设计“理论智慧”的基础。而在中国南方地区的院校专家得益于中国香港和中国台湾地区工业设计的成功经验以及对欧美工业设计史论的研究，为这种“理论智慧”增添了强有力的注脚。

从智慧的性质与导向来看，“理论智慧”属于真理导向的思维，不同于“实践智慧”

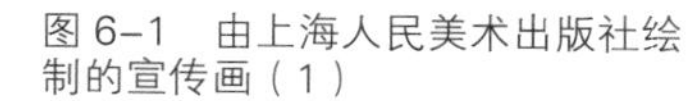

图 6-1　由上海人民美术出版社绘制的宣传画（1）

图 6-2　由上海人民美术出版社绘制的宣传画（2）

价值导向的思维；从思维内容来看，前者以寻找自然因果关系、发展规律为思维内容，具有无限性特征，而后者则以明确行动目标、计划、路径，以多种约束条件下满足运筹和决定思维为基本内容，是有限性的智慧。总之，两者表现为“放之四海皆准的普遍可重复性”和“因人、因时、因地的不可重复性”。

通过考察可以发现，中国工业设计的“实践智慧”在有了“理论智慧”的支撑以后变得更加多元，但也随之进入了各种理论的争论阶段。这其中有留学不同国家的留学生之间代表各个国家不同的设计理论方面的冲突和争论，更有工业设计与工艺美术之间的争论，还有行业老前辈与20世纪80年代中期海外归来留学生之间的争论。当然这些争论都没有妨碍中国工业设计发展的步伐，反而增加了发展的动力，是中国工业设计从“混沌走向有序”的必然过程。当然所谓的“混沌”并不见得有贬义的意思，其实质是一种探索的过程，是“实践智慧”和“理论智慧”互补的过程。具备了双重智慧的基础，中国工业设计才能以更强大的力量在中国经济、社会建设中发挥作用。

第一节　轻工业优先政策中工业设计的发展契机

20 世纪 80 年代初，中国工业化发展道路和政策成为热门话题。权威观点认为：工业化过程从轻工业开始是符合生产力发展规律的。英、法等国的工业化从轻工业开始并不能说明从轻工业开始的工业化就是资本主义道路。从我国实际情况来看，由于底子薄，人民生活水平低，发展轻工业更有着特殊的重要意义。[1] 同样，鲁济典所撰写的《生产资料优先增长是一个客观规律吗？》一文中指出：社会主义工业化不应从重工业开始，而应从轻工业开始……一切资本主义国家发展生产力，实现扩大再生产，都是从以生产消费资料为主的轻工业开始的，为什么社会主义国家加速发展农业和轻工业就不符合客观规律呢？诸如此类将社会制度与工业化道路问题交织在一起的讨论一时成为焦点，也有人从更学术的观点来讨论当时中国的经济结构、生产资料优先增长规律、经济总量平衡及经济结构优化等问题。[2]

1980 年 8 月，第五届全国人民代表大会第三次会议《关于 1980、1981 年国民经济计划安排的报告》指出：1981 年发展国民经济的主要任务，是努力加快农业、轻工业的发展，使消费品的供应同社会购买力的增长大体相适应，保持市场物价的基本稳定。大力加强能源的开发和节约，加强交通和建筑业，合理调整冶金、化工等重工业生产，使重工业更好地为农业、人民生活、出口和整个国民经济服务。1980 年 12 月，中央工作会议决定对国民经济做进一步的调整，主要精神是：

（1）继续把发展农业放在首要地位，提高农业生产水平，促进整个经济的繁荣。

（2）进一步加快轻工业的发展，使轻工业生产继续快于重工业的发展速度。

[1] 吴敬琏、周淑莲：《人民日报》，1979 年 8 月 30 日。

[2] 鲁济典：《生产资料生产优先增长是一个客观规律吗？》，《经济研究》，1980 年第 11 期。

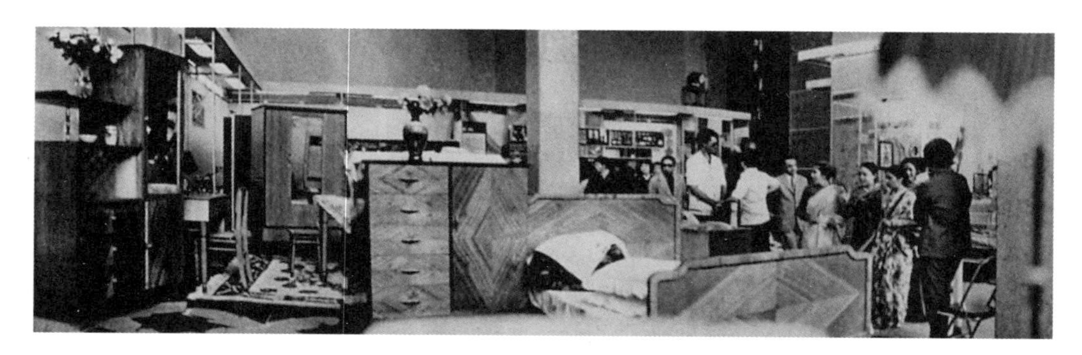

图 6-3　20 世纪 80 年代初参观中国百货商场的外宾

（3）在基本建设投资大量压缩的情况下，对重工业内部结构进行调整，使之同整个国民经济结构调整的方向相一致。重工业部门采取“重转轻”“军转民”“长转短”等形式，调整产品结构。

这一年，国务院决定对轻纺工业实行“六个优先”的政策，即原材料、燃料、电力供应优先；挖潜、革新、改造的措施优先；基本建设优先；外汇和引进技术优先；银行贷款优先；交通运输优先。1980 年还进口 23. 75 亿美元的轻纺工业原料，进口额比上年增长 83%。

1981 年 12 月，第五届全国人民代表大会第四次会议上所做的题为《当前的经济形势和今后经济建设的方针》的政府工作报告指出：围绕着提高经济效益，走出一条经济建设的新路子，必须认真贯彻执行十条方针。其中有关经济结构的方针如下：

（1）依靠政策和科学，加快农业的发展。农业是国民经济的基础。全面发展农村经济，是保证国民经济全面增长的关键。

（2）把消费品工业的发展放在重要地位，进一步调整重工业的服务方向。

（3）提高能源的利用效率，加强能源工业和交通运输业的建设。

1982 年 9 月 1 日，胡耀邦在中国共产党第十二次全国代表大会上做《全面开创社会主义现代化建设的新局面》的政治报告。报告将农业、能源和交通、教育和科学作为其后 20 年经济发展的战略重点。报告指出：在今后 20 年内，一定要牢牢抓住这几个根本环节，把它们作为经济发展的战略重点。在综合平衡的基础上，把这些方面的问题解决好了，就可以促进消费品生产的较快增长，带动整个工业和其他各项生产建设事业的发展，保障人民生活水平的改善。

如上所述，中国共产党十一届三中全会以后和“六五”计划期间，中国在经济结构上进行了“补偿性”倾斜，国家有计划地放慢了重工业的发展速度，采取措施加快农业和轻工业的发展。1979 年，轻工业的发展速度首次超过了重工业，比 1978 年增长 9.6%，超过了重工业增长 7.6% 的水平。1980 年，轻工业比 1979 年增长 18. 4%，大大超过重工业增长 1. 46% 的速度。此后，轻工业生产继续较快增长，1984 年轻工业产值为 3 335 亿元，比 1978 年增长 93. 8%，平均每年递增 11.3%；重工业产值为 3 707 亿元，比 1978 年增长 46. 7%，平均每年递增 6.6%。在工业总产值中，轻重工业的比例由 1978 年的 43.1∶56.9 变为 1984 年的 47.4∶52.6。1985 年这一比例为 49.6∶50.4。与以前相比，国民经济结构表现出一定程度的“轻型化”现象。对工业设计而言，国家的轻工优先发展政策使其有了更大的发挥余地。国家产业主管部门在引进产品关键零部件、关键技术、生产流水线的同时，直接给人民带来了国际上洗衣机、冰箱、空调、吸尘器、电熨斗等新型家用电器工业设计的成功产品和经验，同时关注到工业设计专业人才的重要性，在未来产业发展政策和业务指导方针上，较之以前几次技术引进更具有经济眼光，更有利于工业设计作用的全面发挥。

1978 年 1 月，国务院决定将轻工业部与纺织工业部分开。为了发展家用电器工业，在组织机构设置上成立了五金电器工业局。同年，国家计划委员会决定，由轻工业部统一归口管理全国各系统、各地区的家用电器工业，并将洗衣机、冰箱、电风扇、空调、吸尘器、电熨斗等六类产品列入国家和部管计划，同时对国内尚不能生产的家用电器零配件和原材料（如冰箱压缩机、洗衣机定时器、ABS 工程塑料等），由国家列入进口计划，轻工业部统一分配，解决了重要零部件的配套问题，这对促进各地主管部门重视发展家用电器工业起到了积极作用。其中北京冰箱厂“雪花牌”、广州冰箱厂“万宝牌”发展势头较快。

1979 年 4 至 5 月，以轻工业部部长梁灵光为团长的中国轻工业代表团访问日本。在考察期间，同日本著名家电公司洽谈引进冰箱“心脏”部分——压缩机项目，该项目于 1984 年正式列为国家重点项目。1979 年 7 月，轻工业部五金电器工业局在苏州召开了全国家用电器发展规划座谈会，此次会议被称为“家用电器发展誓师大会”。

会上规划重点省市二轻系统集团所有制机械修配厂、五金厂、工具厂转产为洗衣机、冰箱、电风扇和电饭锅等家用电器产品定点生产工厂，利用集体经济资金发展家用电器生产，并将转产的家用电器的供产销和基建投资技术改造费用，纳入国家和地方计划进行了综合平衡，妥善安排；会上同时制定了1979年至1981年三年的发展规划。为了加强产品质量检测和制定统一标准，1979年，中国日用电器工业标准化质量检测中心在广州成立。1981年，中国家用电器工业标准质量检测中心在北京成立。1982年，家用电器工业局从五金电器工业局独立出来，主要负责洗衣机、冰箱、电风扇、空调、吸尘器、电熨斗等六类产品的生产管理工作。

1982年10月，引进自日本日立公司的国内第一个电视机彩色显像管厂——咸阳彩虹厂成立。这个项目原本安排落地在已经有电视机研发能力的上海电视机厂，后来决定转落陕西咸阳。1981年年初，上海市电子设备工业公司举办“家用电子新产品外形选拔赛”。上海无线电二厂的红灯牌2T121型、793型和754型收音机分别获得大台式、小台式、便携式收音机外形选拔赛第一名。上海录音器材厂的上海牌L400型收录机获收录机外形选拔赛第一名。1983年4月，上海市广播电视工业公司举行第一届民用电子新产品造型设计和装饰工艺评比，公司系统51项新产品参加了角逐。蝴蝶牌802型便携式收音机、春雷牌3P-1型便携式收音机、飞跃牌12D5型黑白电视机等9项新产品获优秀造型奖；友谊牌LD40X-5U型黑白电视机等18项新产品获造型设计奖；世界牌XS-403型袖珍式收音机等2项新产品获礼品造型奖。1984年，在全国第四届黑白电视机评比中，金星牌B35-1U型模拟立体声电视机获外观造型单项一等奖。这期间随着全国引进大大小小彩电生产线100多条，涌现出了熊猫、牡丹等一大批国产品牌。

1983年，轻工业部根据国务院关于对市场需求变化预测的指示精神，对全国421个家用电器企业、192个商店（商场）以及20 196户城市职工和农民家庭进行了调查，这是中国第一次大规模的家用电器产销调查和预测。这一年洗衣机产量由1978年的400台上升到365万台，此后全国各地掀起了大规模的技术引进热潮，有40多个厂家先后从洗衣机技术先进国日本、英国、法国、意大利、澳大利亚等引进技术60多项。从1983年起，中国开始引进冰箱压缩机的生产技术和设备，至此，上海电冰箱厂已形成年产 10 万台电冰箱的产能。

1985 年 3 月和 9 月，国家计划委员会、国家经济贸易委员会、轻工业部联合在北京召开了全国冰箱、洗衣机专业会议。这是国家对家用电器工业发展进行宏观经济调控的一次重要会议。会议最后形成了国发〔1985〕77 号文件，批转国家计划委员会、国家经济贸易委员会、轻工业部《关于加强电冰箱行业管理，控制盲目引进的报告》，确定了“七五”计划期间 42 个定点厂，引进规模为 842 万台。

1986 年，广州建成了从日本松下电器株式会社引进的年产百万台的冰箱压缩机厂。与此同时，北京也建成了从飞利浦设在意大利的伊瑞公司引进的年产百万台的冰箱压缩机厂。这两个冰箱压缩机厂对保证发展冰箱国产化起到了重要作用。7 月 30 日，国家经济贸易委员会等 8 个部委联合发出《关于认真落实三包的规定通知》，对冰箱、洗衣机、电风扇、彩色电视机、黑白电视机和收录机六类家用电器（包括进口零部件组装的家用电器）的三包办法做出了统一规定，1986 年 10 月 1 日起实行包修、包退、包换。12 月底，颁发洗衣机生产许可证大会在上海召开，首推生产许可证制，当时共计 43 家企业和 43 个产品领取到生产资格证明。1987 年，万宝电器集团公司率先与广州大学合作成立广州万宝工业设计研究院，这是我国较早的工业设计产、学、研合作机构。为表彰在促进科学技术进步中做出的重大贡献，《家用电动洗衣机及其安全要求》国家标准获得国家科学技术进步三等奖，这是中国家电行业首次获得国家级重大奖励。

1986 年 10 月，国家决定把彩电国产化作为重大项目列入“七五”计划。同年，首届全国家用电器展览会在北京召开，展览总面积达 1.4 万平方米，以全国 17 个省、自治区、直辖市为参展团的 300 多个家电制造企业参加了展览。同年，彩电国产化的工作方针被确定为“引进、消化、开发、创新”。在一系列措施的刺激下，中国彩电（北京牌 8308 型 PS47 cm 彩电）首次获国际金奖。有着悠久历史的南京熊猫电子集团（前身为南京无线电厂）不仅推出了新设计的产品，曾经设计过多种产品的设计师哈崇南还与行业内外的专家一起呼吁成立中国工业美术设计协会（即中国工业设计协会前身）。20 世纪 80 年代末熊猫彩色电视机全系列产品，其中横、竖尺度

图 6–4　20 世纪 80 年代末熊猫彩色电视机全系列产品

为 1∶1 的产品是当时最新的设计。1987 年，上海产金星牌 B35–7 型黑白电视机获中国专利局颁发的“日日新款”专利证书。1989 年，金星牌 C514 型彩色电视机获全国行业评比唯一的外观款式设计优秀奖。

1988 年，第一台国产分体壁挂机空调 KF–19G1A“雪莲”在华宝空调厂诞生，开启了中国家用空调行业的一个新时代，这一个里程碑式的事件标志着中国空调行业的发展迎来了历史上第一个高峰。同年，琴岛 · 利勃海尔四星 BCD–212 升双门冰箱、上菱四星 BCD–180 升双门冰箱获国家优质产品金奖，这是家电行业首次获得国家质量最高荣誉奖。1988 年 10 月，第二届全国彩色电视机质量评比结果揭晓，熊猫、金星、牡丹等 58 种型号的 18 英寸彩电和海燕、金星、宇航等 3 种型号的 22 英寸彩电获一等奖。这次评比结果表明，中国自己生产的彩电从整体性能和可靠性方面已接近或达到 20 世纪 80 年代世界先进水平。1988 年国家机构进行改革，中国家用电器协会于 12 月 13 日在北京正式成立；12 月 19 日，中国机电进出口商会家电分会也在北京正式成立。

1989 年 1 月，国务院发出通知，决定从该年 2 月 1 日起对彩色电视机实行专营管理，并开始征收彩电特别消费税和国产化发展基金。8 月，机械电子工业部和国家技术监督局在北京发布《彩电综合标准》，总共包括 344 个标准，其中国家标准 173 个，行业标准 171 个，它的贯彻实施标志着中国家电的质量和可靠性达到了国际同类产品的先进水平。11 月，北京市利用外资建成的最大合资企业——北京松下彩色显像

图 6-5　琴岛·利勃海尔系列产品

管公司举行开工典礼，该公司是中国第一个被认证向美国出口的显像管生产企业。

稍后，随着中国第一条自行设计建造的录像机生产线在南京熊猫电子集团投入试生产，以展示名优新产品，小家电产品为优势的第二届全国家电产品展览会在北京举行，全国电子工业引进、消化、吸收国产化工作会议和全国第五次彩电国产化工作会议在北京召开，特别是 20 世纪 90 年代初突破定点生产之后，中国家电业进入全面快速增长期。[1]

有了明确的产业政策和技术、产品引进路线以及项目落地省市，作为行业管理部门的轻工部大展拳脚，在全国范围内布局，几乎重要省市都有以电视机、洗衣机、空调、电风扇为代表的项目落地。例如，在江苏省苏州市有长城牌电风扇、香雪海牌冰箱、春花牌吸尘器、皇冠牌洗衣机四大轻工家电品牌，俗称苏州轻工四朵金花。在其他一些省市也有类似的“金花”，只是品牌名称不同，如云南省昆明市的金花之一就是山茶花牌电视机。上海轻工业的上菱牌冰箱、双鹿牌冰箱、水仙牌洗衣机、红星牌电熨斗作为四朵金花更是那个时代的弄潮儿。资本雄厚的上海轻工所建造的

[1]　百度文库：《中国家用电器行业 30 年发展历程》

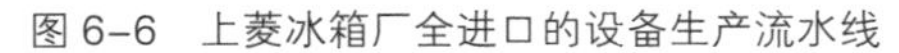

图 6-6　上菱冰箱厂全进口的设备生产流水线

图 6-7　资本雄厚的上海轻工所建造的高层员工住宅

高层员工住宅，建筑上的品牌广告至今清晰完整，没有残缺，由此可见当时对品牌珍爱的程度和质量意识。

第二节　传统名牌借工业设计发力

拥有永久、凤凰等老品牌的上海自行车制造企业在 20 世纪 60 年代初期开始研究电力助动车产品永久牌 103 型，1970 年改进为永久牌 104 型，进入 20 世纪 80 年代后改进为永久牌 DX-130 型。

当时国外对电力助动车的研究已有十余年时间，比较成熟。例如，英国 Patscentre 国际实验公司研制的 28 英寸电动自行车，采用一台新型饼式电机和两只小型蓄电池，并采用全电子调速系统，电机功率为 350 W，最高速度为 29 km/h。日本松下电器公司 1980 年试制的 20 英寸电力助动自行车，采用 80 W 扁平式电机，两只 12 V 铅酸蓄电池，最高速度为 18 km/h，但由于蓄电池技术指标不高，所以当时也未投入批量生产。

中国是自行车大国，从当时改善人们出行条件的角度而言，电力助动车具有现实意义，因此将产品开发目标定位为“发展车速适中，脚踏、电动两用，不用汽油，低噪声，无污染，操纵方便的个人代步工具”。

在技术上保留了全部自行车的功能，采用单只或两只串接的铅酸蓄电池，电压为 24 V，电机经齿轮减速拖动后轮，或者把电机直接装在后轮中心，经行星减速驱动后轮。电机的驱动方式有无级调速与有级调速两种。在进行产品设计时尽可能采用已经标准化的零部件，而速度则控制在 18~20 km/h，以符合公安部对非机动车最高时速的限制。

第一代推出的电力助动车多少有些“改装车”的样子，是在自行车上加了个发动机，其形态语言不是十分明确。但这个时期的设计师已经具备了较强烈的工业设计意识，即所谓的电力助动车一定不是“电力 + 自行车”，它必须有其自身的造型语言。长期在企业从事自行车设计的朱钟炎设计的新一代电力助动车效果图，可以称得上是“概念车”设计图，因为的确还有许多技术方面的问题需要解决和突破，但是这个设计的确是明确了未来产品的形象，为第二代产品的开发奠定了良好的基础。设计首先完全改进了车架结构，增加了半链罩和前、后灯，使之形成了不同于自行车的造型语言。在技术上，当时使用的铅酸蓄电池原用于内燃机启动，性能和技术经济指标有待提高。为此，该厂研究采用多元素铝合金极板，并在橡胶隔板外面增加一层玻璃纤维棉，从而有效地防止了极板短路，使蓄电池寿命有了一定提高。为了同一目的，针对蓄电池的外部条件——电子调速系统，又采取了一系列的保护措施，设置了阻流电路和欠压保护电路。前者是指当工作电流超过某一规定值时，能

图 6–8　朱钟炎设计的新一代电力助动车效果图

自动切断电路，防止大电流脉冲。切断电路以后要把调速手柄恢复到原位，才可重新操作。后者是指工作电压低于某一规定值时，电路会自动切断，必须充电以后才能重新驱动。前灯上装有绿色发光管，用以显示故障的发生。改进后的产品定型为DX-130型，它获得了1985年上海市优秀新产品一等奖、1986年轻工部科技进步三等奖、1988年国家经济技术开发优秀成果奖。

按照当时的认知水平，人们曾预测该产品具有良好的市场前景，因为当时中国拥有3亿多辆自行车，如其中1%要求更新成电力助动车，就是一个庞大的市场。因此当时的技术人员关注到一个核心问题，即怎样解决蓄电池寿命短、能量小的问题，同时要兼顾重量轻、体积小、价格适中的需求。他们查阅了文献，有报道称“高能量的铝空气电池有可能代替汽油来驱动内燃机。如果这种蓄电池试制成功，用它直接拖动电动机来驱动将会更方便”。亦有高分子蓄电池试制成功的报道：“它重量轻、能量大，也是一种理想的能源，但目前市场上还没有见到。电机减速器总成可以有多种形式，一种用稀土磁钢直接驱动后轮的低速电机正在研制中，这种电机不用减速器，噪声小，结构紧凑，将会受到用户欢迎。”[1]

此时具有良好声誉的美加净牙膏已升级为“以预防龋齿为目的的、含有两种氟化物的药物牙膏”。事实上美加净牌双氟牙膏比美国高露洁牌双氟牙膏早两个月推向市场。

1985年，美加净牌双氟牙膏被评为上海市优秀新产品二等奖；1986年被评为轻工业部科技进步二等奖、上海市科技进步二等奖；1987年被评为国家科技进步三等奖、轻工业部全国轻工优秀新产品；1988年被评为轻工业部科技进步金龙腾飞奖。

产品问世后，有关专家的评价是：美加净牌双氟牙膏的开发，不仅标志着我国牙膏工业达到了世界先进水平，而且将为人类与龋齿做斗争起到积极作用。美加净牌双氟牙膏推向市场后，受到国内外消费者的欢迎。随着生产的发展，美加净牌双氟牙膏出口量逐步增长，1985年出口72万支，1988年出口达747.6万支，在国内

[1] 《四新产品荟萃》，“上海轻工业四十年”丛书（1949—1989），百家出版社，1992年。

市场更是成为抢手货。

“水晶玻璃”器皿在20世纪80年代是“诱惑”消费者的重要轻工产品。使用三角牌品牌名称的上海玻璃器皿一厂早在20世纪60年代就开始研制高透明度的玻璃，用于制造日用的玻璃器皿及装饰摆件，但囿于技术水平，每年只能生产几吨，远远不能满足产品制造需要。“水晶玻璃”学名为“铅晶质玻璃”。1675年英国人拉文斯·克罗夫首先制成了酷似天然水晶的、含有铅金属成分的铅晶质玻璃，这是英国玻璃工业发展史上的重要事件之一。由于这种材料制成的玻璃器皿晶莹剔透，且碰撞后会发出清脆悦耳的声音，特别在光线照耀下的折射光会使产品增加华丽、高贵的气质，所以国际上这类产品销售总额超过2亿美元。1985年在联邦德国举办的专业展览会展出的产品中约有五分之四是这一类产品。

上海较早地关注到这个领域的技术发展，“1984年10月与联邦德国签署了引进具有20世纪80年代国际先进水平的铅晶质玻璃仿车刻器皿生产线，1985年11月设备到厂安装，1986年5月试生产，同年9月正式投产，同年10月产品首次进入欧美市场，结束了我国长期以来出口低档玻璃器皿的局面”。

设计师根据材料特性，积极开展新产品设计，利用多面体、多棱角、透光性、折射等特性设计了众多的花瓶、糖缸、果盘、多用盘、酒具、茶具等产品。1986年为国家创汇108万美元，1987年出口创汇值又翻了一番。系列产品分获上海市、轻工部、中国出口产品各类奖项无数，并成为中国各级政府馈赠国际宾客的高级礼品。

随着人们生活水平的提高，轻工行业的发展速度加快，适合普通百姓生活的新产品也层出不穷。

自20世纪80年代起，上海日用化学品二厂根据《本草纲目》中“珍珠可以滋肤、润肤”的原理研制成凤凰牌珍珠霜，并引进联邦德国维尼面霜技术与原料；带动了凤凰牌系列产品的发展。随着天然原料的发掘、合成香料的创新以及技术和原料的引进，化妆品行业日新月异。1981年，上海日用化学品四厂开发了药物化妆品。同年，上海日用化学品五厂生产了国内第一种中草药爽身粉——蓓丽牌小儿松花爽身粉。1982年，

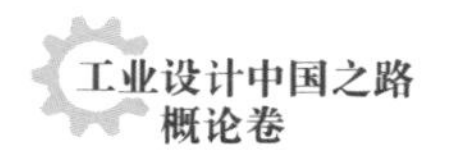

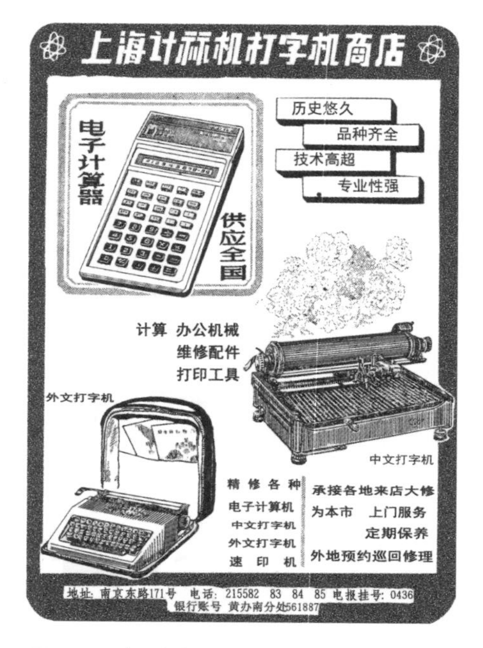

图 6-9 《上海市场大观》一书中相关企业的产品广告（1）

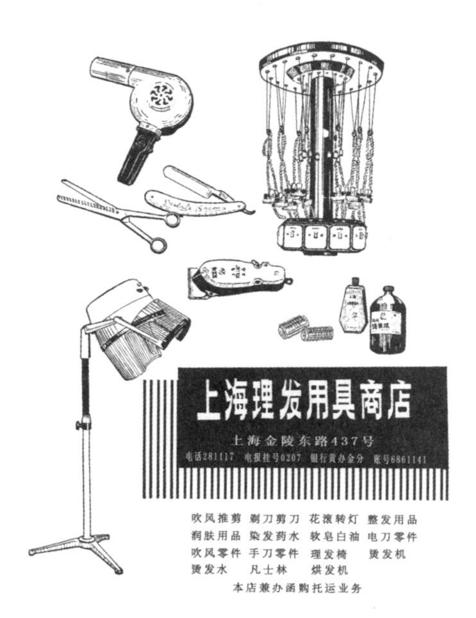

图 6-10 《上海市场大观》一书中相关企业的产品广告（2）

图 6-11 《上海市场大观》一书中相关企业的产品广告（3）

图 6-12 《上海市场大观》一书中有关上海名牌皮鞋的介绍

上海家用化学品厂推出国内第一套高级成套化妆品——露美牌美容化妆品。1986 年，上海日用化学品四厂推出国内第一套具有民族特色的伯龙牌男用系列化妆品。1990 年，上海日用化学品二厂生产的凤凰牌高级胎盘膏选用羊胎盘水介液为营养剂，美容功效明显。

根据当年设计露美牌美容化妆品的设计师刘维亚介绍，当年中国缺乏高级的成套化妆品，全国妇女联合会提出开发一类产品，供国际交往时作为礼品赠送给外国元首夫人等女宾。上海市轻工业局科研处召集系统优秀设计师集中力量进行设计，刘维亚用铜棒切削出器皿造型，再用油漆在器皿上画出图案，并在显目位置画出产品标志，最终该设计受到市场的欢迎。当年在上海市轻工业局科研处负责该项目的邵隆图回忆：在露美牌产品设计成功后，由他负责开设了一个露美美容院，将品牌延伸至服务领域，这是全国第一个美容院。现任中国美术学院院长助理吴小华教授回忆：受到露美牌成套美容用品设计成功的鼓舞，浙江省也提出要设计高级成套美容用品，作为主设计师，他专门跑到上海拜访刘维亚，请教设计经验。在这段时间里，上海市轻工业局把发展包装装潢作为重点扶植的项目，引进了德国、日本、瑞士的印刷包装设备34台（套），逐步形成了包装装潢印刷、产品、容器、材料等协调发展的体系。这也使得由设计师吴儒章重新设计的贵州茅台酒包装，改变了“一流产品、二流包装、三流价格”的局面。

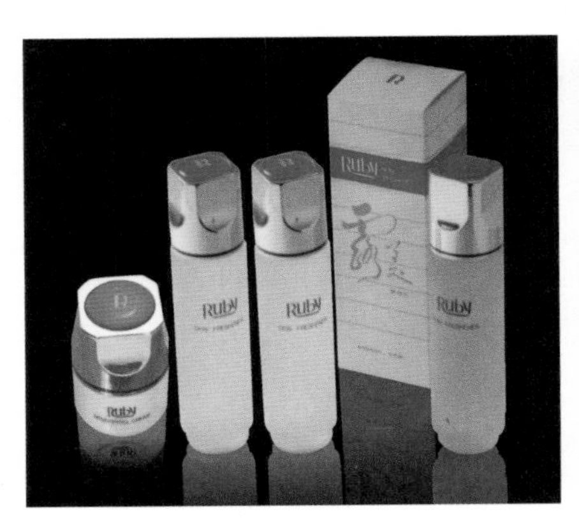

图 6–13　露美牌美容化妆品

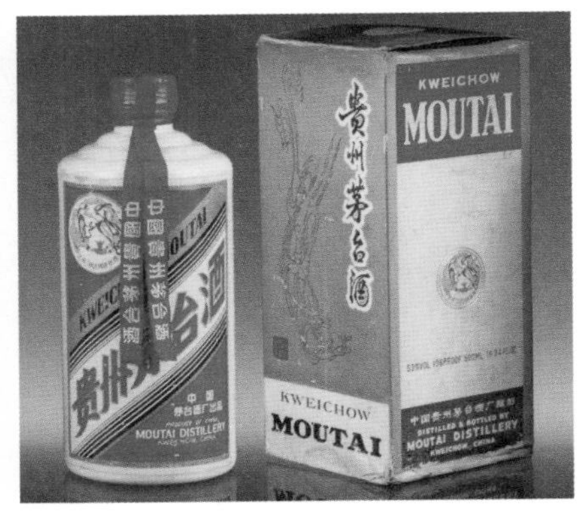

图 6–14　吴儒章为贵州茅台酒设计的包装盒

稍后由刘维亚设计了更加豪华的礼品装，《上海美术志》第一编第十五章第二节记载：他（刘维亚）为贵州茅台酒设计的飞天包装盒，以金色为底色，烫金线条画出飞天，体现陈年老窖的古老情趣，使产品身价大增，1989年获国家银质奖，为全国包装印刷系统第一个获国家质量奖的包装印刷产品。该篇还记载了上海油画笔厂重新设计的狼毫挂式包装……五支装的一组毛笔的价格由原来的十几元上升到87元。的确，当时的设计为改变中国“一流产品、二流包装、三流价格”的现状做出了贡献。

另外，各系统通过包装设计展览和作品评比，及时推出了成功之作，也有利于中青年设计力量的成长。20世纪80年代被上海市评为优秀包装新产品的包装装潢设计，包括陈年贵州茅台酒（人印八厂刘维亚）、金皇后葡萄酒（人印八厂虞珊宝、陈其美）、香得利香烟酒具系列（上海卷烟厂朱庆达）、皇冠电吹风盒（上海纸盒印刷厂徐逸涛）、永生自来水笔出口通用包装（上海新华金笔厂施亦伟）、马利美术油彩盒（上海美术颜料厂姚泰井等）、轨道火车盒（上海玩具十七厂许发英）、西装包装盒（上海衬衫二厂赵宝培）、绣花手帕塑包装盒（上海手帕进出口公司周慧萍）、五龙消痔栓盒（上海延安制药厂段大为）、4B20型汽车收音机包装盒（上海无线电四厂段大伟）、梅林方便菜盒（上海食品进出口公司李宗孝）、旅游火柴盒（上海友谊商店朱正善）、曲奇酥（上海东升食品厂沈涌、徐逸涛）、上海名茶塑袋装潢（上海美术设计公司顾宗贤）、飞鹰牌高级不锈钢刀片（上海刀片厂霍山）、航空牌网球（上海网球厂黄益国、陆威正等）、英雄110金笔塑盒（英雄金笔厂王悌龙）、玻璃杯架式包装（上海玻璃器皿二厂石天龙、王立江等）、抽芯铆钉包装盒（上海异型铆钉厂杨子明等）、博步皮鞋盒（上海蓝博皮鞋公司朱正善）、象鼻式包压瓶包装盒（上海保温瓶一厂刘学成）、2033旅游瓶包装（上海保温瓶三厂袁宗杰）、天坛牌茉莉花茶盒（茶叶进出口公司张忠飞）、司麦脱衬衫盒（上海新兴内衣染织厂韩伯祥）、人参蜂皇浆包装盒（上海药材公司王晓萍）。[1]

[1] 上海市地方志办公室：《上海美术志》第一篇第十五章第二节。

第三节　中外合资，技术换市场

1972 年 2 月，时任美国总统的尼克松访华，中美经贸关系逐步恢复。中国重型机械进出口公司 1975 年初从美国进口了配备康明斯大功率柴油机的中型矿用卡车，用于本溪铁矿的开采。20 世纪 70 年代后期，康明斯柴油机已经得到了广泛认可，但其高昂的价格对于外汇紧张的中国市场而言是很大的制约因素，因此中方向康明斯公司提出了技术引进和本地化生产的建议，康明斯公司予以积极响应。

时任第二汽车制造厂副厂长的孟少农积极支持二汽领导引进康明斯柴油机来提高国内柴油机的设计和生产水平的主张，他明确指出汽车产品发展要设计一代、改进一代、预研一代，建立以产品为核心，融材料、工艺、基础技术于一体，具有强大开发能力的技术中心，要重视引进先进技术，更要重视消化吸收，为我所用。孟少农与二汽设计团队共同研究新车型开发，特别提出要把驾驶室内饰模具搞上去，并指派有经验的技术人员负责。东风牌 EQ140 型中型载货汽车作为解放牌 CA-10 系列的后继车型，也是由孟少农领导设计的，由于二汽建设需要，一汽无偿转让给

图 6-15　孟少农与二汽设计团队共同研究新车型开发，图中的白色汽车模型是东风牌 EQ140 型中型载货汽车

图 6–16 流水线上的工人正在组装幸福牌 XF125 型摩托车

了二汽。

1984 年 9 月 25 日，上海 – 易初摩托车有限公司项目在上海正式签约。由上海拖拉机汽车公司和泰国正大集团易初投资有限公司共同投资组建，从日本本田公司引进技术，合资期限为 25 年。开发产品为幸福牌 XF125 型摩托车，当时国内绝大部分摩托车厂仍在生产长江牌 CJ750 型、幸福牌 XF250 型等 20 世纪 40 年代的产品。凭借合资资金优势，上海 – 易初摩托车有限公司从本田公司引进具有当时国际先进水平的本田牌 CG125 型摩托车制造技术，并先后派出大批人员到日本、德国进行培训，建成具有国际水平的生产流水线，大大促进了我国摩托车制造技术的发展，缩小了与国际先进水平的差距。[1] 从技术上看，本田牌 CG125 型摩托车的发动机具有良好的动力和节油性能，这已经被全世界同行公认；从造型上看，它具有现代感，其产品形态与驾驶者骑行姿态融为一体，其设计达到了较高水平。

1978 年 11 月，邓小平同意以中外合资企业的形式在上海实施汽车技术引进项目，中国汽车界一场翻天覆地的变革就此到来。随后一机部副部长周子健组织当时国内汽车界的知名人物成立代表团，奔赴位于德国沃尔夫斯堡的大众汽车总部进行洽谈。大众汽车公司同样对我国提出的合资建议表现出了浓厚的兴趣，经过一系列沟通与

[1] 中国汽车工程学会：《中国汽车五十年》，上海画报出版社，2003 年。

图 6–17　上海 – 易初摩托车有限公司车间

协商，德国大众汽车公司最终向上海大众汽车公司提供了桑塔纳轿车生产工艺进行国产。

1984 年 10 月 10 日，由中德双方各出资 50% 组建上海大众汽车有限公司的合资协议在人民大会堂签署，并于 1985 年正式生效，上海大众汽车有限公司就此诞生。上海大众汽车有限公司刚刚成立，便从原上海汽车制造厂的 2 900 名员工中抽调了 1 600 多人生产桑塔纳轿车。同年 3 月 15 日，广州汽车厂与法国标致汽车公司、中国信托投资公司、国际金融公司和巴黎国民银行签约，合资成立广州标致汽车公司，前期规划年产 1.5 万辆标致 504PU 型小货车，1988 年推出第二期工程，产量提高到 3 万辆，同时引进标致 505 型轿车生产工艺。[1]1986 年，北京、天津、南京均引进了汽车项目。

借助引进汽车的技术与设计优势，1986 年，在原上海牌 SH760A 型的基础上推出了一款名为 SH760B 型的新车型，然而它的改变并不明显，仅仅是在之前车型的基础上采用了塑料中网，改换了当时桑塔纳车型的尾灯，并提升了整车的喷漆技术。SH760B 型依然采用了四轮独立悬挂结构，并搭载一台金凤 685Q 直列 6 缸发动机，这台发动机的排量提升为 2.4 L，最大输出功率也提高到了 76 kW，最大扭矩

[1]　中国汽车工程学会：《中国汽车五十年》，上海画报出版社，2003 年。

166 N·m，最高时速可达 132 km/h，百公里油耗为 13 L 左右。

1987 年，时任上海市市长的江泽民宣布汽车工业是上海第一支柱产业，并于同年成立了支援上海大众建设领导小组和桑塔纳国产化办公室，至此，上海大众真正坐稳了上海汽车工业的“头把交椅”。

1983 年，美国通用电气公司向中国铁道部转让 ND5 型内燃机车七大类 (12 项) 设计、制造技术，包括大量图纸和制造技术文件。铁道部组织消化、吸收，开展对进口内燃机车配件的国产化工作，推动了内燃机车重要部件的研制和新产品开发，进而推动了我国内燃机车的更新换代。其中，永济电机厂引进了 GTA24A3 型同步主发电机，GE752AF8 型牵引电动机，由辅助发电机、励磁机组成的 GY27 型辅助发电机，以及由高压控制柜、低压控制柜、硅整流器、司机控制器、电控接触器、电磁接触器、反向器、转换开关等组成的 ND5 型机车电控系统。南车株洲所引进了 ND5 型机车恒功励磁屏及防空转装置。戚墅堰机车车辆厂引进了 ND5 型机车 7FDL-16 型柴油机气缸套和活塞组装等关键部件生产技术。天津机车车辆机械厂引进了 7FDL-16 型柴油机的 7S1616A 型增压器。资阳机车厂引进了 ND5 型机车牵引齿轮、牵引齿轮箱、空气滤清器。大同机车厂引进了 ND5 型机车 7FDL-16 型柴油机的活塞组装技术。

图 6-18　合资以后的上海大众汽车有限公司大门口

图 6–19　东风 DF5 型机车

大连机车车辆厂引进了 ND5 型机车布线技术。1984—1985 年，上述各厂及研究所先后派出大量人员赴美考察并接受培训，掌握了相关的技术。使用美国 ND5 型机车技术与零件的东风 DF5 型机车，成为中国研发、设计新一代内燃机车的研究对象，改变了上一代产品沿袭苏联技术的状态。

在引进技术的基础上，自 1989 年起，我国陆续开发、制造第三代内燃机车。货运机车向大功率发展，客运机车向高速化发展，均采用中速柴油机，交、直流电传动和微机控制。其中有东风 6 型、东风 10D 型、东风 4D 型和东风 8B 型等货运机车；东风 11 型和东风 4D 型等客运机车。1996 年以后，这些机车陆续开始批量生产，成为铁路客运提速、货运重载的主要内燃机车。这些机车在性能上相当于美国等发达国家 20 世纪 80 年代初的产品，但是，在机车及其零部件的可靠性、耐久性和质量方面有一定差距，在使用的经济性上也有一定差距。

1982 年 11 月，英国里卡多工程咨询公司帮助大连机车车辆厂改进 16V240ZJ 型柴油机，1986 年 12 月试制出 16V240ZJD 型样机。1985 年，大连机车车辆厂与美国通用电器公司合作改进东风 4B 型机车，改进机型被命名为东风 6 型机车。美国通用电器公司负责机车电气部分的设计，大连机车车辆厂负责机车总体及机械部分的改进设计。大连机车车辆厂于 1987 年 10 月向美国通用电器公司订购了两台（套）的电机、电器及控制设备，装用在第一、二台东风 6 型机车上。1989 年 1 月，大连机车车辆厂在英国里卡多工程咨询公司和美国通用电器公司的帮助下，研制出我国第三代内燃机车东风 6 型样车，并于 1991 年 9 月试制出国产化的东风 6 型机车。

1984—2002 年是我国电力机车快速发展阶段。1981 年以后，在新的铁路电气化政策的指导下，国家大力发展电气化铁路。但“六五”“七五”期间，机车车辆是铁路运输的薄弱环节，电力机车更是机车中的薄弱环节。只有株洲机车厂一家制造电力机车，该厂制造能力较低，不适应铁路电气化发展的需要。为了解决机车车辆这个突出问题，1983—1991 年间，我国铁路投资政策向机车车辆工业倾斜。1986 年，我国铁路牵引动力政策改为“大力发展电力牵引，合理发展内燃牵引”以及发展“重载高速”机车。这一时期，株洲机车厂、南车株洲所和大同机车厂等工厂以及科研单位得以大规模改造，新增很多先进的专用设备和试验检测设备，并引进大量先进技术。其中，株洲机车厂从 1983 年起，利用铁道部投资新增设备 1 570 台，利用世界银行贷款购置了计算机系统、工艺 X 光探伤机、钢板预处理线、激光切割机、数控脉冲机、机座加工中心、轴箱加工中心、构架整体加工镗铣床等 10 多台（套）世界先进水平设备，使工艺装备水平显著提高。1989 年，铁道部和中车公司又决定大同机车厂由制造内燃机车转产组装电力机车和生产配件。大同机车厂新、改、扩建面积为 20 740 m^2，新购设备约 260 台（套），从机车部件生产、检测到组装调试形成了一个完整的生产体系，达到了年产 100 台电力机车的生产能力。1979 年以后，南车株洲所逐步完成了新的科研基地建设，装备了各种先进设备。到 20 世纪 90 年代初，我国电力机车的研发制造能力得到了迅速提高，电力机车年生产能力达到 300 台以上。

1985—1986 年，我国引进了以法国阿尔斯通公司为首的欧洲五十赫兹集团 8K 型机车技术和日本三菱公司 6K 型机车技术等大量先进技术。这两种机车是当时世界上技术最先进的相控机车。其中，引进 8K 型电力机车 20 项技术，这些技术包括产品设计图纸、生产工艺、检验方法等。经过消化吸收引进的先进技术，加速了我国 20 世纪 90 年代电力机车的发展，使我国电力机车研制技术得到了迅速的发展。

第四节　中国院校再次整合“双重智慧”

20 世纪 80 年代初，广州美术学院尹定邦教授曾举办了一系列师资培训班，广泛传播“平面构成”“色彩构成”“立体构成”，为中国设计带来了新的思维方式。王受之教授原来从事美国史研究，由于能够熟练阅读英文原著，他编著了《世界工业设计史》一书，是那个时代工业设计界的经典著作。

与此同时，原轻工业部首次派遣中央工艺美术学院（现清华大学美术学院）、无锡轻工业学院（现江南大学）的柳冠中、王明旨、吴静芳、张福昌四位老师分别赴德国斯图加特造型艺术学院及日本多摩大学、筑波大学、千叶大学学习工业设计，为期两年。他们于 20 世纪 80 年代中期相继回国后，1985 年在中央工艺美术学院建立了工业设计系，于 1960 年创办的无锡轻工业学院则在造型美术系下设工业设计教研室，另外还有北京理工大学、湖南大学、哈尔滨科技大学、鲁迅美术学院、广州美术学院等共八所高校设立了工业设计系，开始正规化培训工业设计专业人才。海外进修归来的教师以极大的热情投身到学科建设中，邀请德国斯图加特造型艺术学

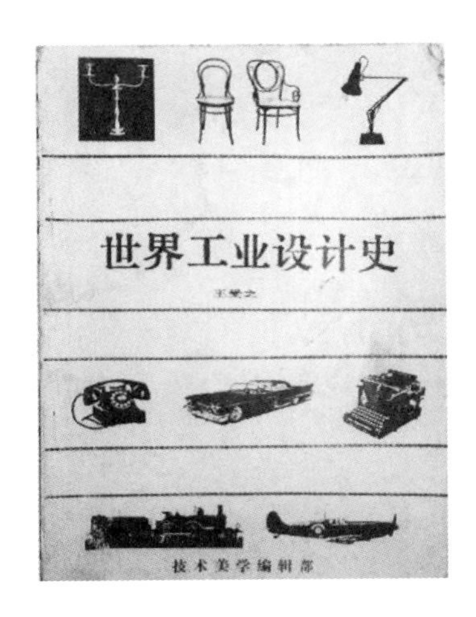

图 6–20　《世界工业设计史》第一版封面

图 6-21　张福昌教授在日本留学期间进行产品设计

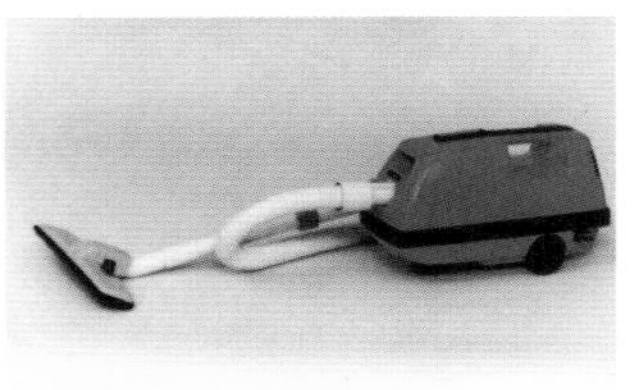

图 6-22　张福昌教授在日本松下电器公司实习期间所设计的吸尘器

院雷曼教授来讲解基础造型，日本筑波大学朝仓直巳教授讲解基础构成，日本千叶大学小原二郎教授讲解人机工学，铃木迈教授讲解设计材料，日本东京造型大学丰口协教授讲解日本设计与经济发展，鱼住双全教授演示表现技法……同时他们积极著书立说，在全国举办巡回讲座，有效地传播了国际最新的工业设计理念。张福昌教授在日本松下电器公司实习期间所设计的吸尘器启发了中国人对工业设计理念的再认识和对产品设计流程的深度把握。这个案例在中国的设计教学中发挥了重要作用，使得学生们能够近距离直观地认识工业设计。

上海市轻工业局及第二轻工业局系统所属的上海轻工业专科学校美术系（现并入上海应用技术学院）和上海工艺美术学校（现为上海工艺美术职业学院）承担着为本系统培养设计人才的任务，拥有一批行业精英在校任教。前者系主任丁浩教授在 20 世纪 30 年代便是著名的广告设计师，该校一直秉承“实用、新颖”的设计原则进行专业教育。1984 年上海工艺美术学校在南京西路 8 号原第二轻工业局新产品展示厅举办了一次学生设计作品展，展品以包装、海报及工业产品为主，在行业内引起轰动。1986 年 7 月以“美化生活”为主题在上海市工人文化宫再次举办展览，以十套各类风格的样板房为展示内容，融室内设计、产品设计、装饰艺术于一体，几乎动员了全校所有的专业参与，师生们克服困难，努力搜寻一切可供参考的资料

图 6-23　沙滩休闲主题区的沙滩椅设计

图 6-24　儿童游乐主题区的装配式家具

将所有展品都制作成实物。虽然很多设计有缺陷，但给观众带来了强烈的视觉冲击，并留下了深刻的印象。

作为中国著名理工科大学的上海交通大学当时敏锐地察觉到工业设计的重要作用。1984 年 5 月，时任上海交通大学校长范绪箕教授邀请上海工艺美术学校造型设计专业罗兴老师在企业设计人员培训班讲授工业设计。罗兴老师很早就接触过德国包豪斯设计教育体系，他通过说明现代造型原理的模型，生动地进行了讲解。此次办班为今后上海交通大学建立艺术、设计方面的专业做了铺垫。

原中央工艺美术学院党总支书记叶振华老师、柳冠中教授出于改变中国工业设计现状及更新设计人员思想的考虑，发起在职设计人员培训班，招收在职人员进行

图 6-25　学生参照国外注塑成型家具设计的座椅

图 6-26　正在无锡轻工业学院参观的上海工艺美术学校学生

为期两年的研究学习。由于北京东三环路原校址内已无空余宿舍和教室，同时出于降低办学成本的考虑，培训班选址在北京郊区的八里庄。所有35名学员在以后的中国工业设计中都做出了杰出贡献。

1986年，浙江大学与浙江美术学院（现为中国美术学院）等单位联合成立浙江计算机美术研究中心，时任浙江大学校长潘云鹤教授出版《计算机美术》一书，浙江美术学院又成立了电脑美术研究室，江西师范大学由计算机科学系和美术教育系共同组成了电脑美术设计教育研究室。次年，中央美术学院举办了电脑美术作品展览。中央工艺美术学院在王明旨教授工作室内开设了电脑化设计研究方向，并有鲁小波、李勇等老师参与，试图用计算机技术提高设计模拟的真实性。

这一时期，上述各校及南京艺术学院、苏州丝绸工学院纺织美术系、北京工艺美术学校、厦门工艺美术学校、上海美术学校工艺美术专业、上海纺织专科学校等学校的毕业生逐渐成为20世纪90年代中国工业设计的中坚力量。

1988—1989年间，中国高等院校展开了一场关于工业设计与工艺美术作用的大讨论。时任中央工艺美术学院工业设计系主任的柳冠中教授在《历史——怎样告诉未来》一文中明确表述："工业设计时代文明必然取代工艺美术时代文明……无情的历史进程将改变有着几千年辉煌成就的工艺美术事业的垄断地位。"南京艺术学院

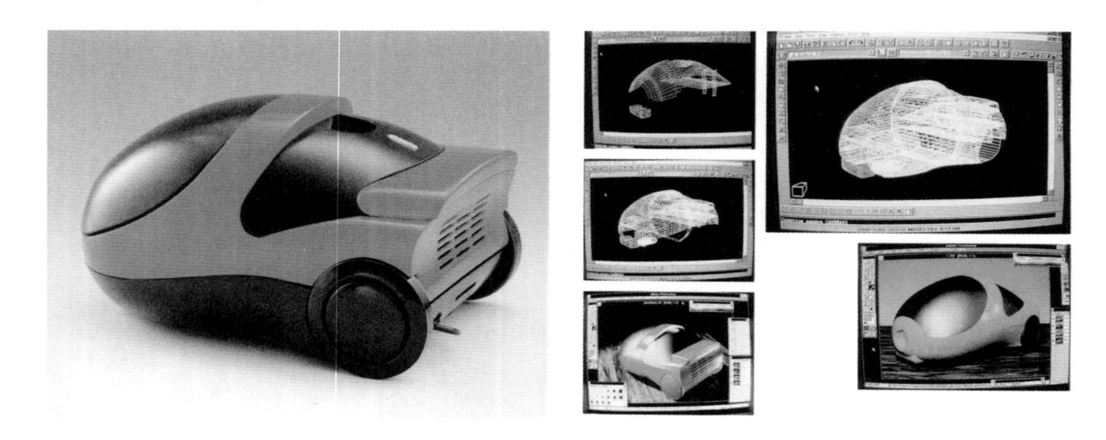

图6-27　中国最早一批使用计算机软件进行工业设计的产品，由鲁小波设计

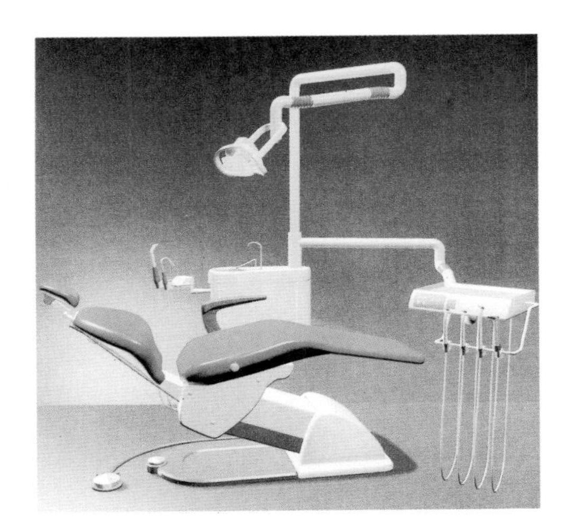

图 6–28　鲁小波、张雷、刘强所设计的齿科椅

张道一教授则指出工艺美术并非仅指特种工艺、陈列品艺术，其本身包含了日用品的设计。同时，在《辫子股的启示——工艺美术：在比较中思考》一文中则提出传统工艺、民间工艺、现代工艺只有形态、材料和制造方法上的差异，并无本质区别，主张将三者像辫子股一样编起来。稍后加入辩论的广州美术学院设计研究室在《中国工业设计怎么办》一文中指出："工艺美术、工业设计是两条泾渭不同的设计道路。前者是手工艺方式、密集型劳动生产的传统工业产品设计，而后者则泛指对工业生产方式、机器制造的产品的设计。"因此主张只要把握好比例关系，两者都可以发展。综合来看，当时争论的焦点并不明确，理论准备也欠火候，"替代派"主张以工业设计替代工艺美术，"坚守派"认为工艺美术可以扩展为现代工艺美术，承担起时代责任，"兼容派"则主张各自发展，互为补充。这场大讨论并未形成最后的结论，却是中国工业设计发展史上十分难得的设计批判时代，参辩各方都努力证伪，具有科学的批判精神。

在学者们进行辩论的同时，产品丛状态并未得到实质性改变，特别是传统轻工业产业遭遇了现实的寒流，老产品因技术、设计、市场问题而大量积压。1987 年 5 月，国内仓库中曾积压了自行车 100 万辆、手表 1 000 万只、缝纫机 260 万台。现实的压力促使我们必须转换思路。除了在宏观上调整产业结构和完善市场要素之外，中国高校新型设计人才的培养成了当务之急。各高校迅速推出“设计概论”“世界工业设计史”“人机工学”“三大构成”等新课程。笔者在无锡轻工业学院求学期间除正规课堂教育之外，几乎每天晚上都可以听到一个高品质的讲座。英国工业设计师汤姆逊长期自愿在学校做讲座、辅导，并推荐年轻教师何小佑、李亦文赴英国留学。“自新”期的中国工业设计吐故纳新，看似跌宕起伏，实质是走向了一种更有序的结构，具备了更新的知识，拓展了国际化的眼光，为未来以工业设计参与中国经济结构调整、提高效益做好了铺垫。

第五节　中国港台地区工业设计异军突起

中国香港地区的工业设计起源于20世纪50年代初，大批居住于上海的优秀设计师前往香港定居，使本已颇具设计功底的香港顿时人才倍增，而启蒙香港设计的便是闻名全国的月份牌。香港设计师协会的靳埭强回忆：20世纪二三十年代，香港和上海同时在商贸繁盛时发展出了商业插画专业，其中上海的杭穉英、香港的关蕙农都有“月份牌王”的美誉。

1970年，香港中文大学校外进修部第一届设计文凭课程的几位同学的学业和事业都初见佳绩，并亲历了社会需求的脉动。由吕立勋发起，连同梁巨廷、张树生、张树新以及靳埭强一同创办了香港第一所设计学院——大一艺术设计学院。靳埭强等人当时虽然学术基础薄弱，但都有为行业新人铺路的理想与对设计艺术的热诚，因此在短短三年内，便交出了令世人瞩目的成绩表。

进入20世纪70年代，世界石油危机与股市崩盘的危机接踵而至，香港很多行业处于逆境，却造就了不少勇于创业的青年人。香港特区有关部门设立的职业训练局开创了几所工科专业学校（香港专业教育学院IVE前身），以短期的设计课程培训使学生进入设计及广告行业，也使设计和广告成为新兴事业。大批极具设计实力的公司如雨后春笋般破土而出，再加上香港贸易发展局和无线电视等组织和企业内的设计部，广告公司不再是寡头独大，国际大公司纷纷来港开业，一时间竞争激烈。

在设计业成长的十年里，满怀朝气、于本土崛起的设计师接受了西方新思潮，运用现代审美观追逐时尚，并将中华本土文化融会创新成为香港设计的新浪潮。1975—1980 年，由香港设计师协会主办的 HKDA 设计年展中，每年有很多中西融会的佳作获奖，呈现出多元而独特的香港设计风格。香港设计师协会在 1972 年由香港工业总会倡议成立；HKDA 设计年展则是向本地业界公开征集评价的权威性活动，旨在推动专业水平及奖励优秀设计。

从香港现代设计文凭课程创设开始算起，香港设计行业发展的十年里可谓创造了奇迹。香港设计师在一片荒原上耕耘，于自己的土地中植根、汲养、壮大成树木，开花结果。20 世纪 70 年代后期，香港本土设计师已在国际崭露头角，优秀作品逐渐开始获得国际奖项。活跃的华人设计师亦渐多，令人欣喜。香港著名设计师刘小康年轻时原打算学习绘画艺术，看到设计文凭课程的招生广告后毅然决定改学设计。

图 6-29　1970 年香港设计文凭课程的招生广告

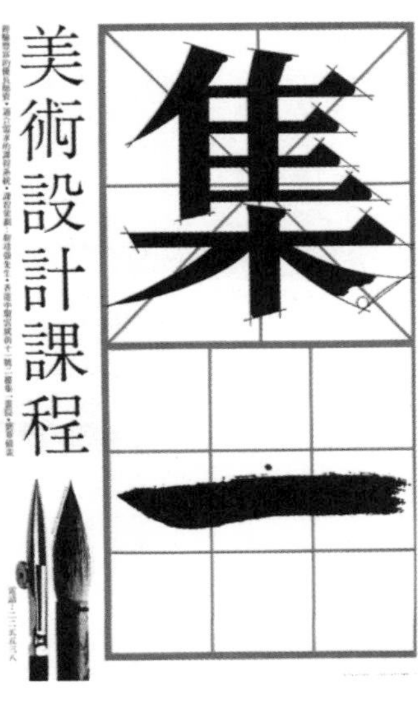

图 6-30　靳埭强根据当时招生广告的意境重新设计了一幅作品

为纪念这一段历史，靳埭强根据当时招生广告的意境重新设计了一幅作品。

在设计教育方面，到 20 世纪 80 年代末，香港已开设各类设计院校 12 所，各院校办学方式不一，每年有近千名毕业生进入社会工作，为香港设计的发展储备了人才。

“工业设计”一词在 1960 年左右出现于中国台湾地区。在此前 20 年间，台湾地区厂商一直缺乏自己的品牌，在国际市场上以“量”和“价”取胜，加工代制方法成为台湾赖以创造经济奇迹的主要手段，其后才逐渐以品质和其他国家的产品竞争。

早在 20 世纪 60 年代，台湾既有的农业经济形态发生蜕变，在工业化的规划下提升工业技术暨拓展产品外销已刻不容缓，中国台湾当局聘请了美国的工业设计顾问吉乐第以及德国的葛圣纳来台辅导，日本的教育家小池新二等亦应邀来台。同时派遣工程师到欧美等国接受训练，高级官员到欧美等国考察，并与日本进行技术合作。一时间，整个台湾都动员起来了。

图 6-31　由靳埭强设计的 1979 年第三届亚洲艺术节海报

小池新二教授推荐了千叶大学的吉冈道隆教授率团赴台开办工业设计暑期训练班，这是台湾工业设计教育的开端。1964 年，台湾企业创建的明志工业专科学校设置了工业设计科，是台湾工业设计正规教育的开始。1965 年，台北工业专科学校也设置了两年制工业设计科，分为建筑设计和产品设计两组。1966 年，大同工学院也成立了五年制的工业设计科。当时，台北工业专科学校和台北师范大学均属公立学校，资金较少，而私立的明志工业专科学校和大同工学院都有大型企业支持，财力雄厚，可以培养师资，至于其他如雨后春笋般相继成立的工业设计科，在师资不足的情况下相继停办。

台湾产品在质量、技术方面均获得市场肯定之后，迫切需要解决的是如何创新设计与开发新产品，以建立新的形象。为加速工业升级并突破当前的经济困境，企业由原厂委托代制型转向原厂委托设计制造，再转至自制品牌制造，这是台湾当时积极推行的利用工业设计方法与技术积极开拓国际市场的重要策略之一。从 1985 年起，中国台湾地区“对外贸易发展协会”举办台湾产品设计周，活动包括大专设计展、外销产品优良设计选拔展、手工业产品展等。

台湾的工业发展自 1986 年以后，外在环境发生极大的转变。一方面，美元的贬值对外销导向的产业界造成很大冲击。另一方面，因为集资过多，土地、股票上涨情况异常，制造业的劳动力逐渐转到服务业，使得制造业人力不足，导致制造业的工资每年约增长 15%，因此，台湾不再是拥有廉价劳动力的地方。再加上社会对环保的要求逐渐提高，以及银行利率的不断上升，台湾的制造成本大为提升，没有办法再做便宜的东西。为改变这种状况，1987 年起，台湾产品设计周扩大为台湾产品设计月，增加了国际优良设计作品观摩展。在工业界的人才结构方面，台湾 250 万工业从业人员中，工程师只占 5%，非技术性劳力占 55%，所以台湾的工业还是比较偏向装配性、劳动力密集型的工业。

至于技术的提升，不只是开发产品的技术，也包括生产的技术、设计的技术、品质的技术等。简言之，产业界对提升技术方面的投入只有营业额的 1%，而先进地区则为 3%～5%。因此，除了从业人员每人每年创造的产值需要增加以外，首先要在人才的培养上下功夫，工程师的比重要占总从业人口的10%~15%。这包含了研发和生产两个方面的工程师，而非技术劳动力（作业人员）则要降到40%左右。其次则是研发的投入，要从目前营业额的1%提高至3%。

在国际上，必须要让别人了解台湾正往升级的路上走，了解台湾非常重视设计和产品品质。台湾的产品要在国际上打出形象是十分困难的，因为台湾95%的企业为中小规模，而且过去基本上为委托代制型，要打国际形象牌则很艰苦。

1989年之后的十年，中国台湾地区推动的“全面提升工业设计能力计划”“全面提升产品品质计划”及“全面提升国际产品形象计划”陆续完成，正是凭借这一系列政策，中国台湾地区向世界宣布工业设计脱胎换骨，借着主办世界设计大会，达到在世界范围内全面宣传的目的。

第六节　情报研究与服务

轻工业系统较早建立了全国布局的科技情报系统，并且能够细分行业，根据不同的特色展开信息收集、信息传递、专题情报研究、人才培养、样品收藏等工作，并且多有定期期刊出版。

早在1959年4月，原轻工业部在无锡召开全国轻工科技情报会议时便要求各行业建设技术资料室，更要求一些条件比较成熟的技术资料室升格为科技情报室，显示了原轻工业部对科技情报工作的重视。20世纪60年代，随着三线建设工作的展开，有众多情报室从北京、上海等地迁至内陆各省份。20世纪70年代后陆续恢复并得到加强，其具体工作是根据行业的需求展开专题情报研究，并及时反馈给行业，例如，全国日用化学工业科技情报站设有牙膏专业情报组，还组织过日用洗涤剂国内生产水平专题调查。

20世纪80年代，收藏外国同类产品的样品、样本是科技情报的特色工作。各地科技情报室进一步升级为科技情报研究所。通过购买和交流，各地科技情报研究所已有相当规模的样本，样本常年展示，供行业内的生产企业的设计师学习、借鉴。上海轻工情报研究所曾经有样品3.4万件。

科技情报研究所在展示产品的同时，根据生产厂家的需求提供专利服务，《上海轻工业志》第五编第四章记载：20世纪80年代初，上海制笔工业研究所和英雄金笔厂的科技情报人员配合微孔塑料墨水笔的试制，通过查阅专利资料和与外国联系，为国内选定原料和生产提供有关参考资料。1982年微孔塑料墨水笔决定投产，为国内笔类产品填补了一项空白，也为国家节约了外汇。上海市缝纫机研究所1982年的“缝纫机压敏贴花新工艺研究”、1984年的“缝纫机粉末涂料的应用”研究课题为产品设计的美观度提供了强有力的保证。1988年全国缝纫机工业科技情报站完成了“国外缝纫机企业第二门类产品开发调研”项目，针对国内缝纫机产品单一的情况，就新门类、新产品的开发提出了建设性意见。1986年上海轻工业局科技情报研究所完成了“国外玻璃新产品、新工艺技术情报”课题研究，为一直依赖于传统技术的玻璃器皿制造厂提供了有力的支撑，使设计师获得了信息，更新了产品的设计。上海经济区轻工业情报中心完成了“中国轻工出口产品与亚洲‘四小龙’同类出口产品竞争水平分析”课题，从宏观的角度分析了中国轻工产品存在的问题，提出了解决方法，这对中国以后几年轻工业发展布局、政策制定和科技攻关乃至人才培养都起到了关键的作用。

轻工科技情报研究的另一重大职能是出版各类专业杂志，各情报研究所订阅的世界各地的科技期刊共达4 000种左右，共有各类藏书10万～30万册不等，除公开发行的作品之外，还有内部发行的刊物。

上海轻工业局科技情报中心出版的杂志在国内外公开发行的有7种，分别是《玻璃与搪瓷》《工业微生物》《电镀与环保》《中国制笔》《食品工业》《香料香精化妆品》《缝纫机科技》。在国内发行的有《中国包装科技》《上海轻工业》《上海造纸》《中国自行车》《油墨通讯》《机械设计与研究》6种。另外还有79种内部刊物。其他的出版物还包括贵州省轻工业科学研究所的《酿酒科技》、陕西轻工业钟表研究所的《钟表》以及广西轻工业科学技术研究所的《广西轻工业》。20世纪90年代，上海轻工业局科技情报研究所创办的《中外轻工科技》杂志中的一个重要的栏目，就是介绍国内外优秀的轻工产品。其创刊之初介绍了中国香港的轻工业发展概况，1997年第2期以“旧铝罐变新手表”为题，介绍了瑞士经销欧米茄、斯沃琪等名表的苏黎世“埃塔”再生手表公司收集航空、铁路、餐饮店里人们废弃的易拉罐，用100 t压力压缩这些铝罐，制成手表后出售。1997年第6期介绍了新型电动自行车。西门子电冰箱及海尔的产品都在其后续几期刊物中进行过介绍。这种基于行业或者是基于一类产品的设计介绍较之广义地讲工业设计似乎更加有效，因为毕竟不同的行业其设计理念和方法都是有差异的。

第七节　工业设计融入重大装备产品研发再探索

运-10飞机是中国首次自行设计、自行制造的大型喷气客机。飞机最大起飞重量110 t，最大巡航速度974 km/h，最大实用航程8 000 km。客舱按全旅游、混合、全经济三级布置，可分别载客124人、149人、178人。运-10飞机由上海飞机研究所设计，上海飞机制造厂（以下简称上飞厂）制造总装，上海航空电器厂承制起落架，并得到了上海市和航空部内外300多个单位的协作支援。

研制工作自1970年8月国家计划委员会、中央军委国防工业领导小组向上海下达任务后开始。1972年中央军委审查通过飞机总体设计方案，1976年7月制造出第一架用于静力试验的飞机，1978年11月全机静力试验一次成功。1979年12月制造出第二架用于飞行试验的飞机，1980年9月26日首次试飞一次成功。之后进行研制试飞和转场试飞，证明运-10飞机性能良好，符合设计要求。运-10飞机的试飞成功在国内外引起强烈反响。美、英等国航空界纷纷发表评论，认为“这是中国航空技术的重大发展”“使中国民航工业同世界先进水平的差距缩短了15年”“在提到这种高度复杂的技术时，再也不能说中国是一个落后国家了”。

20世纪70年代初，由于资本主义国家对中国实行经济技术封锁的状况尚未改变，大量新材料、新成品、新标准均需自行设计研究。运 -10 飞机的试飞成功，填补了中国航空工业的一项空白，是一项重大科技成果。在设计技术上，有 10 个方面为国内首次突破；在制造技术上，也有不少新工艺是国内首次在飞机上使用。大量试验和试飞实践证明运 -10 飞机具有较好的操稳特性和安全性，它不易进入尾旋并易于改出尾旋；具有较好的速度特性，其阻力发散马赫数优于同类飞机（注：阻力发散马赫数是指飞机上出现激波，阻力骤增时的马赫数，运 -10 飞机出现激波较波音 707 飞机迟）；具有较好的机场适应性，在当时的机场条件下，可使用的国内机场较波音 707 和三叉戟飞机多。运 -10 飞机还具有较大的发展潜力，如改装发动机、加长机身，可提高其经济性；如在机身开个大舱门，可改作客货两用机或军用运输机；同时也是预警机、空中加油机合适的候选机。通过运 -10 飞机的研制，共取得有应用价值的成果 147 项，其中获得部、市级以上重大科技成果奖 36 项。1986 年，运 -10 飞机又获上海市科学技术进步一等奖。但是，由于当时的历史条件，提出运 -10 飞机设计任务时，主要从首长专机考虑，要求能“跨洋过海”，航程达 7 000 km，致使飞机结构及载油重量增加，商载减少。

运 -10 飞机首次试飞成功后，由于经费原因，研制工作难以继续进行。1980 年底，上海飞机制造厂写信给中央领导反映运 -10 飞机的研制情况。1981 年 4 月，时任国务院副总理的薄一波要求组织专家进行论证。6 月，上海市政府和三机部联合在上海召开运 -10 飞机专家论证会，与会专家充分肯定上海研制运 -10 飞机所取得的成果，并提出应走完研制全过程的建议。会后，三机部和上海市政府提出继续研制的 4 个方案，但未获批复。1982 年起，运 -10 飞机研制基本停顿。

运 -10 飞机项目于 1970 年 8 月启动，研制的地点定在上海，理由是可以得到上海较发达的科研与工业力量的支持，但彼时上海的航空工业基础却很薄弱，只有飞机修理业务。为了研制，我国从各地调集了约 40 个单位、300 多名技术人员支援上海，著名军用飞机设计师程不时于 1971 年从沈阳调往上海，他设计的飞机也从军用转变为民用。

程不时在项目后期担任副总设计师，负责总体设计、气动力分析、计算机和试飞工作。设计遵循的仍是徐舜寿所提倡的“博采众长，为我所用”的方法，比如发动机安装的位置，采用的是翼吊式布局。当时，世界上有三种发动机布局：苏联图104采用的是翼根式，英国的三叉戟采用的是尾吊式，美国波音707采用的是翼吊式。首先，他们做了技术分析后认定翼根式布局不合理，对于后两种布局，他们分别制作了1 ：1全尺寸样机，并通过风洞实验做对比，根据实验数据最终选定翼吊式布局。

运 –10飞机是我国的飞机设计首次从10 t级向100 t级冲刺，各个环节与以往相比都有所突破。比如辅助翼面，小型飞机的机翼上一般只有4片，而运 –10飞机的机翼上辅助翼面竟多达50片，每一片都要解决构造问题、功能问题和操作问题。再比如操作系统，过去小型飞机采用的是“硬式”操作系统，飞机尺寸变大后，系统因杆件过长而不能保证受压稳定，且高空中的热胀冷缩也会使中点发生偏离，因而运 –10飞机采用了“软式”的钢索操作系统。

运 –10飞机是我国20世纪70年代至80年代重大装备设计的尝试。它曾试飞西藏，完成抗震救灾物资的运输任务，也取得了一些在极端气象地理条件下的一些飞行数据和经验。但客观地讲，大型飞机的设计不同于中型、小型飞机，我们缺少技术上的储备，按当时的实际情况也无法通过国际采购技术来集成。有当年参加过军用飞机试制工作，后来转向民用飞机制造的一位专家坦陈，民用飞机的设计乃至技术服务、销售方式与军用飞机是完全不同的两种模式；其次从研发、设计的流程来看，基本与20世纪五六十年代相差无几，在缺少先进技术储备的情况下，从头至尾需要进行多次技术实验和测试，且均要靠自己的力量来完成，这种研发、设计方式哪怕在今天也是难以完成的；再则大飞机的研发、设计从任何国家的经验来看，均需要长期的巨大的资金投入，且成功案例不多，是有巨大风险的。另外，从当时国家决策的角度看，重大装备倾向向国外购买，而不是自主研发。运 –10飞机虽然没有投产，但却在研发、设计过程中积累了经验，为以后中国以新的思路和模式再次展开大型民用飞机的研发、设计奠定了基础。

在运 –10飞机项目下马后，上海飞机制造厂利用现有的技术一方面继续对各种军用、民用飞机进行设计、研制、改进和制造，另一方面开始制造民用产品。当时由该厂制造的飞翼牌大客车，其设计具有现代感，车身外饰线条明快流畅，驾驶室采用大面积玻璃，具有良好的视线，座椅设计采用了飞机座椅的基本结构，较之以前的客车舒适得多，因此也有了“航空椅”的美誉。飞翼牌客车是当时城市客车的典型设计，一度占据了很大的市场份额。

第四篇

『产品层』结构时代中国工业设计的价值

第七章　升级换代，打造品牌

20 世纪 90 年代，历经改革开放，中国社会发生了巨大的变化，工业产品已经变得十分丰富，其组成方式由过去的产品丛状态发展到产品层结构。即在一类产品中，有些是满足大众消费需求的，而有些则是满足高端需求的，总之有不同层次的工业产品对应不同层次的消费需求。从企业自身拥有的产品来看，其产品层表现在处于最高端的产品往往起着打造品牌的作用，在国内、国外市场竞争中占据优势；处于中端的产品则是最能够赚取利润的；而处于低端的产品单件利润虽然低，但消费人群量大面广，对维持品牌份额有直接作用。总之，此时的产品层是完全对应市场需求结构的。

产品层时代中国工业设计的表现形态首先是关注经济效益，具体来讲是关注工业产品在企业产品层中的作用、地位及市场效应。因此工业设计考虑的问题涉及了市场调查、产品定位、产品造型、技术整合、生产制造、销售渠道、品牌贡献等诸多问题。工业设计思考问题更加系统、更加全面。特别值得注意的是，独立的工业设计公司开始出现，这意味着中国工业设计的形态又发生了一次重大变化。工业设计可以成为独立于制造行业以外的专门领域服务于制造企业，其工作内容和运营模式已接近国际工业设计公司，形成了与产品链、产品丛时代完全不同的形态。

以新的形态对应产品层的设计，意味着中国工业设计步入“自立”期。从事工业设计的工作性质、内容及作用迅速被企业认可，并具有了独立性，工业设计工作的成果可作为企业产品营销的手段之一。

第一节　工业设计聚焦经济效应

1991 年 5 月 15 日在上海举办的 '91 多国工业设计研讨会拉开了中国 20 世纪 90 年代多方位、多角度工业设计理论和实践探讨的序幕，这次研讨会由原华东化工学院（今华东理工大学）工业设计系主任陈平老师倡导，原华东化工学院和上海工艺美术学校联合举办，并经严格审批，由国家教育委员会批准召开。研讨会上原国际工业设计协会主席阿瑟·普罗斯、日本 GK 设计公司荣久庵宪司、英国皇家艺术学院人文学科费瑞林教授、日本千叶大学工业设计系宫崎清教授、东京大学经济学部八卷俊雄教授、东京造型大学和尔祥隆教授和鱼住双全教授、中国台湾东海大学陈进富教授及上海市科委、上海市经委、上海工业设计促进会、《设计新潮》杂志、《实用美术》杂志等共计 150 余人与会，主要是听取国际专家的研究成果。此举是中国第一次举办大型、专业的工业设计国际交流活动。国际工业设计界的成功经验令中国同行激动不已，特别是荣久庵宪司提出“伟大的城市应该有伟大的工业设计事业”一番话使得参加会议的人员开始认真思考中国工业设计发展的未来。陈进富教授介绍了中国台湾地区提

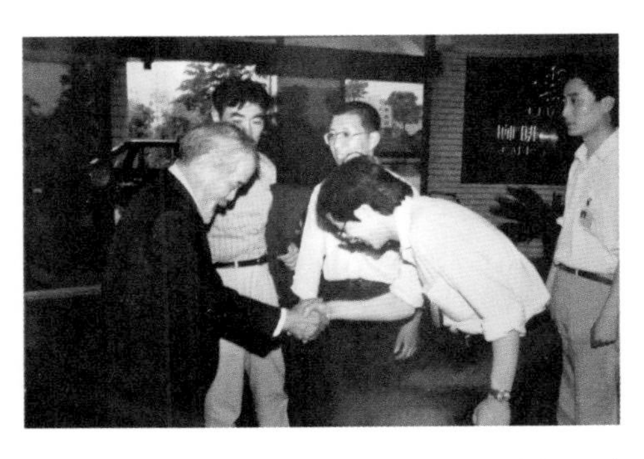

图 7–1　日本 GK 设计公司荣久庵宪司参与研讨会（右一为上海飞机制造研究所陆峥，右二为陈平，右三为笔者）

图 7–2　论文集《走向工业设计》

升工业设计的政策、措施后，上海市经委由上海工业设计促进会副秘书长魏国璋、曾中锵主持着手进行了课题研究，稍后又进行了“提升上海工业设计水平的内外环境”的课题研究。研讨会后由上海科教文献出版社出版了论文集《走向工业设计》，共计收录论文 56 篇，这是我国第一次集中出版工业设计方面的论文集。

本次研讨会的意义在于使我们从过去仅仅关注工业设计的基础教育转移到关注工业设计与经济发展的关系上来，使政府机构成为推动工业设计发展的力量，初步构建起了工业设计产、学、研平台的框架。1992 年由武汉理工大学陈汗青教授主持发起了同类研讨会。

20 世纪 90 年代是中国工业设计高速发展时代的开端。中国著名企业纷纷聘请设计师对自己的产品进行升级换代设计，并将自己的品牌进行梳理，在工业设计上强调学习西方突显产品技术特性的“高技派”风格，并以“人机工学”作为设计思考的重点。1991 年，上海电视机厂和深圳蜻蜓工业设计公司联合开发了 28 英寸彩色电视机新造型，由傅月明设计，并首次举办了新产品发布会，为新产品的推出造势。产品投产后受到市场欢迎，亦开启了国内自行设计大屏幕彩色电视机造型之先例。此外，表面处理新工艺的应用也大大丰富并提高了产品的档次。[1] 这次设计被称作“交钥匙”设计——从效果图到开模具、出产品一次到位，即设计完成交给客户马上可以投入生产。[2]

[1]　上海市地方志办公室：《上海美术志》第一编第十五章第二节，2006 年。

[2]　颜光明：《小荷才露尖尖角——记青年设计师傅月明》，《设计新潮》，1993 年第 5 期。

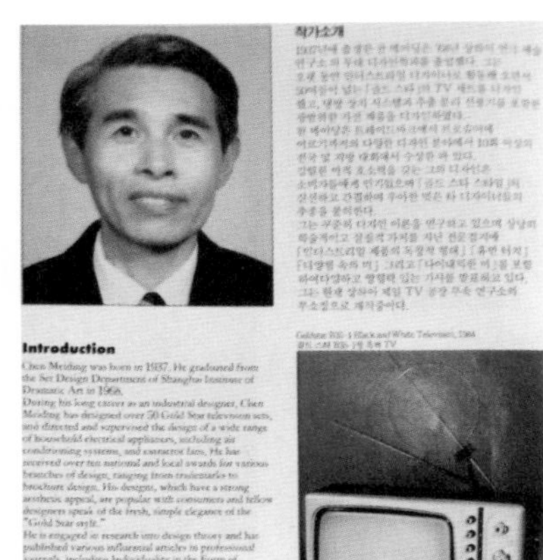

Introduction

Chen Meiding was born in 1937. He graduated from the Set Design Department of Shanghai Institute of Dramatic Art in 1966.

[illegible]

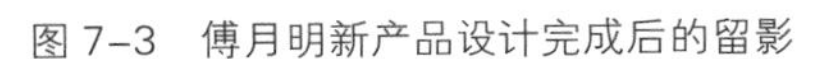

图 7-3　傅月明新产品设计完成后的留影

图 7-4　韩国设计杂志中国特刊上对陈梅鼎特别进行了专题介绍

本次产品开发成功的另一个主要因素是长期从事电视机设计的设计师陈梅鼎的大力推荐和协助。时任上海电视机厂设计师的陈梅鼎，在这次设计中承担着前期设计定位和设计管理工作，他曾撰文总结了电视机设计的原则，引起行业对工业设计的高度关注。韩国设计杂志中国特刊上对陈梅鼎特别进行了专题介绍。

陈梅鼎告诉《设计新潮》杂志的记者，从 1976 年刚开始生产 9 英寸电视机时，上海电视机厂已经意识到工业设计的重要性。为了得到领导的支持，设计时必须拿出五种以上方案（1∶1 的实样）供领导决策，再经“新颖性、适用性、审美性、经济性、安全性、可行性”六个方面的严格评审。这样的方式使产品设计成功的把握比较大，增加了决策选择余地，减少了市场风险。

在上海电视机厂，记者看到该厂把“推广现代设计方法”列入 1993 年的工作目标，悬挂在设计室的墙壁上；新品设计都要求设计者填写“造型设计评审表”，坚持“改进一代、研制一代、预研一代”的新产品开发方针。在新产品开发中，充分发挥集体智慧，运用“头脑风暴法”“脑力激荡法”，做到每年推出 15 种新产品，以保持工厂的竞争优势。

在参观中，记者来到了工厂研究所的第一设计室，看到室内各种工作器材、设计人员配备、图书资料等软、硬设施一应俱全，这在其他企业很少见到。可见，工厂已把工业设计放在整个设计工作的龙头地位。

《设计新潮》杂志曾记载：陈梅鼎毕业于上海戏剧学院舞美专业，长期从事电视机的造型设计。在总结自己的设计体会时，陈梅鼎说，工业设计就是为人设计，来源于生活。

上海电视机厂的“风景这边独好”再次印证，产品一旦成为商品进入流通领域即代表着企业形象，达到产品自身设计与企业的同构。如今，人们已习惯将“金星”与上海电视机厂联系起来，而“金星”开始走出国门，越发闪亮，这就不难发现设计之于企业犹如水之于绿洲一样。[1]

中国东北老工业基地的企业也加快了产品更新的步伐。1993年，长春客车车辆厂委托中央工艺美术学院设计公务员专列室内环境及产品，由王明旨教授担纲。所谓公务员专列是指中央高层领导外出工作用车，过去的设计是将平日办公室的写字台、沙发、灯具等产品直接搬至列车上，其功能分区也不尽合理，尤其是厕所设计更是不尽如人意。新的设计方案从人机工学角度出发，借鉴日本新干线列车的成熟经验，从整理行为逻辑开始，按照标准化、通用性的原则创造设计语言。车厢内主照明灯具由原来的普通日光灯改为长方形、磨砂玻璃灯罩的灯，沙发专门根据列车室内环境设计，窗帘、窗架等细微之处均有设计，厕所洁具采用树脂材料，造型现代简洁，设计语言统一，取得了很好的效果。之后双方合作项目又从公务员专列发展到普通列车室内及产品设计。同样，刘观庆教授改良设计的东风11机车也是由于企业关注到工业设计的作用而提出的项目。东风11机车的驾驶室经过优化设计后显得比较有次序，更方便了驾驶员操作。

1994年，青岛海尔集团与日本GK设计公司共同成立了青岛海高设计制造有限公司，主要针对海尔自身的产品和品牌制定设计策略并直接进行各种新产品开发，这使海尔产品迅速提升品质，并扩大了国内、国际市场的占有率。[2]

[1] 颜光明、王一武：《设计与企业同构的启示——与上海电视机厂陈梅鼎设计师一席谈》，《设计新潮》，1993年第6期。

[2] 《设计》，2006年第6期。

图 7-5　公务员专列设计效果图(1)

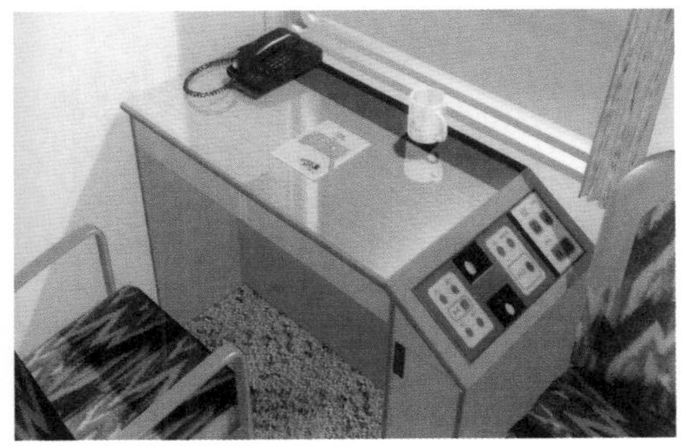

图 7-6　公务员专列设计效果图(2)

图 7-7　公务员专列设计效果图(3)

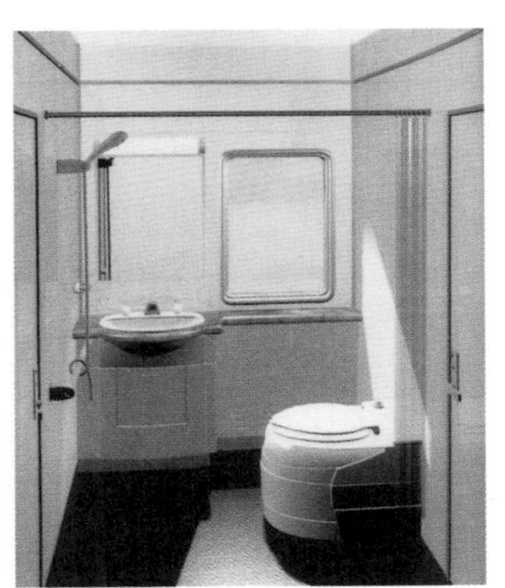

图 7-8　公务员专列设计效果图(4)

图 7-9　东风 11 机车

图 7-10　东风 11 机车的驾驶室

1995年，柳冠中教授率团队对福建福日牌彩色电视机进行设计，首次在电子产品设计过程中制作两台1∶1油泥模型，有力地提升了产品的品质。

第二节　工业设计公司应运而生

从20世纪70年代末、80年代初开始，广东进行了“三来一补”经济活动的尝试。所谓“三来一补”是指“来料加工、来样加工、来件装配”和“补偿贸易”。这种形式的出现主要跟改革开放初期地方缺乏资金、技术和技术人员有关，但到了后期“三来一补”企业比例不断下降，并逐渐被当时的港资、台资、外资，即所谓的“三资”企业取代。无论是“三来一补”还是“三资”时代，从表面上来看与中国工业设计发展的关系不大，但一方面，通过这种经济活动，中国制造业积累了资金，奠定了技术基础，熟悉了国际市场的规律，为未来企业转型确立了榜样和目标；另一方面，这种经济活动让我国工业设计行业的从业人员看到了大量的终极产品，因而对作为工业设计成果如何提高人们生活品质的理解不再停留在概念中，对工业设计作为企业核心竞争力的感受更加直观，对影响工业设计要素的掌控也变得更加自觉。

上述种种情况使得广东成为中国当时最有条件诞生独立工业设计公司的地区。广东紧密结合珠江三角洲的产业发展，又借助近邻中国香港获取国际设计信息，所

图7-11　深圳华强科技公司设计生产的双卡录音机，具有与国际同类产品完全一致的设计语言

以得到了充分的发展。当时全国共有 40 余家工业设计公司，其中 30 余家在广东，广州南方工业设计事务所、广州雷鸟产品设计中心都是其中的先驱。1990 年，傅月明与俞军海共同创办的深圳蜻蜓工业设计公司，推出了中国第一辆原创设计的家用轿车“小福星”。1992—1996 年间共投资数千万元，经过不断改进，共开发出三代车型，50 辆样车，完全按照国际通用的设计思路和方法进行设计开发，从构思、创意、草案、效果图、三维油泥模型、概念车，再到工程样车，小批量试制后在北京钓鱼台国宾馆、北京车展展出。“小福星”的成功开发引起了国际著名工业设计师的关注。

“小福星”的定位是单厢车，设计师最初设想“小车型、大空间”，从而能达到“平民价格、绅士享受”的目标，帮助中国老百姓圆汽车梦。设计完成后，蜻蜓工业设计公司与北方车辆研究所、西安秦川汽车公司三方合作，争取到了生产合法身份，生产目录为 QCJ7088，并设想利用奥拓轿车生产线进行规模化生产。据现任好孩子集团设计总监的傅月明先生回忆：“小福星”虽然因种种原因夭折了，但作为一项设计和成果，我不认为它就此失败，只不过没有投产上市而已。即便是今天，“小福星”还是经得起时间的检验，是研究中国汽车设计难得的蓝本。它的整个设计过程是有理论、文化和市场支撑的，其含金量并不完全体现在产品设计上，而是体现在它所提供的设计思路和方法上。“小福星”设计不是孤立的，它完全是在国际化设计和要求背景下展开的设计。

“小福星”设计团队研究了整个汽车设计的历史和人文背景，包括每款车畅销

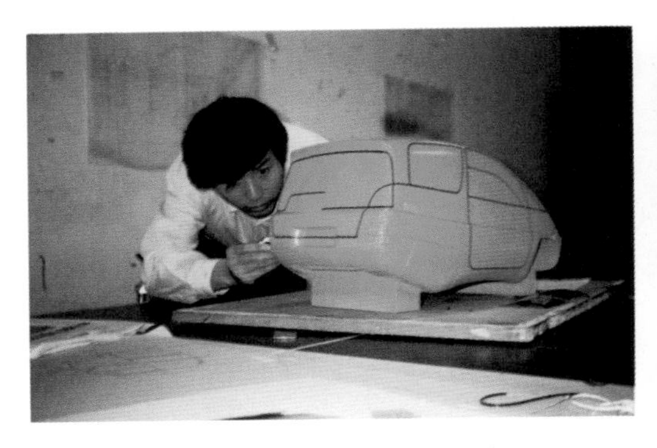
图 7–12　正在制作小福星油泥模型的傅月明

图 7–13　德国设计师克拉尼到访蜻蜓工业设计公司，居中者为俞军海

的原因和消费需求，以及社会学的意义等。此外邀请了世界上著名的汽车设计师来探讨设计方案，还走访了国外的著名设计公司，实地考察了国外的汽车消费市场。

“小福星”给人印象最深的是弧线车顶，也因为这根被看作决定单厢车成败的“中国弧线”而被列入世界著名小型车设计之列。对此，设计师认为：选择单厢式的设计是权衡了各种车型利弊的最终结果。它的直接启发就是20世纪80年代流行的“子弹头”面包车（现在称MPV或商务车）。问题是，如何确定一个小型车的诉求，不能照搬或按比例缩小，而是要重新解构、设计，用其“神”，不能取其“形”。最后在实物（小型车）参照下，设计师发现车身顶部弧线的确定非常重要。

当时参与设计的三位设计师产生了争论，各持己见，谁也说服不了谁。原因是各自不同的设计经验和审美观，以及各自对汽车的不同理解。在1:1的胶带图上，画了撤，撤了画，反反复复，最后求同存异，通过油泥模型、实际观察、模拟体验，最终达成了共识，找到了单厢车设计的“黄金线”。

这根弧线的归纳主要是三点。首先是审美的需要，涉及造型设计的基本出发点；其次是功能的需要，满足驾乘人员对空间的基本要求；再是降低风阻的需要，符合汽车空气动力学原理，力求达到最佳状态。

正因为这根弧线的确定才有了“小福星”造型的基本框架，它被认为是东方人从对鱼的崇拜中汲取灵感，并从鱼的曲线中提炼出优美的（符合流体力学的）线条而设计出来的，创造了平和而优雅的视觉效果。由于这些认识和把握，“小福星”奇巧的造型手法、宜人的造型符号才得以发挥，如鱼得水，在世界汽车造型设计中独树一帜，并被认为是代表中国原创设计的杰作而收录到国际著名汽车杂志《Car Style》中。

在深圳民营工业设计公司崛起的同时，上海福田工业设计有限公司由上海市轻工业局与日本福田工业设计公司合资创建，意在学习国外工业设计公司的经验和做法，逐步承接上海乃至全国生产企业的工业设计任务。该公司首任总经理王卫平一面推进设计业务，一面学习国外工业设计的成功经验。[1]1996年，上海第二轻工业

[1] 上海社会科学院新闻研究所：《设计新潮》，上海设计新潮杂志社，1993年3月第三期。

局创办了展艺工业设计有限公司。该公司是中国首家全面启用计算机模拟设计的公司，曾经为上海洗衣机总厂设计了水仙牌全自动洗衣机，厂家将该款产品作为进军高端市场的产品，以替代已有的双缸洗衣机。东华大学机械学院的王俊民老师当年任职于第二轻工业局所属的上海工艺美术学校，参与了该项目的设计。此后，诸如上海指南工业设计公司等民营工业设计公司相继诞生。

上述公司作为独立的工业设计公司具有很高的研究价值。虽然以后各种工业设计公司业务领域不同，经营规模、方式也有差异，但基本模式大同小异。中国工业设计公司的出现是中国工业设计发展进入“自立”期的标志，也是调整自我，更好地服务于中国经济社会发展目标的新开端。

第三节　工业设计助力产业升级

工业设计介入企业转型可以追溯到英国工业革命时期。随着中国经济实力的快速增长及国家产业改革步伐的加快，中国的民营企业逐渐开始关注工业设计，并着手从工业设计的角度入手促进产品的销售。工业设计的快速发展给设计师带来了前所未有的机遇。随着中国工业设计领域的不断拓展和企业对工业设计价值的进一步理解，工业设计已从初期简单的产品外观和功能设计，逐步发展到企业战略、品牌、研发和营销等方面的系统改造。

1985 年成立的浙江振鹏工艺品有限公司从家庭小作坊起家，1992 年产品开始远销国际市场。它在政府的支持下率先进入云和工业园区建造新厂房，在规模相当的企业中领先一步启动并获得了高速和稳健的发展。因为拥有自己的研发机构和设计中心，企业通过了各项国际体系认证，成为具有亿元产值生产能力的新型企业。该公司不断把新设计的产品送往德国纽伦堡参加国际玩具展，在为产品打开新渠道的同时准确把握国际玩具潮流，捕捉新产品开发信息，为企业的发展壮大寻找契机，4 000 多种产品全部外销欧美等 20 多个国家和地区。

图 7–14　浙江振鹏工艺品有限公司设计的木制玩具

好孩子是童车的知名品牌。童车的外观除了要适应儿童的喜好之外，安全是最重要的因素。好孩子童车的许多控制指标远远高于国家要求，又通过对儿童生长期间生理特点的研究进行贴心的设计，在保障儿童安全的同时，给儿童以最舒适的体验。好孩子童车凭借新颖的设计和优良的品质走进了千万个家庭。[1] 好孩子品牌的成长道路从某种意义上来讲是工业设计支撑的结果。企业在初创时期就以灵活的方式聘请专业工业设计师为其设计童车，而作为创始人的宋郑还一直以“创造世界上没有的产品”作为自己的使命，同时在商业模式上进行创新，使工业设计的成果得到最大化的体现。通过与国际著名儿童用品企业合作，在不断提升自身产品品质的同时，有计划、有步骤地拓展产品线。由于曾经设计过金星电视机和“小福星”家用轿车的设计师傅月明的加盟，好孩子的工业设计形成了独特的体系，支撑了民营企业的高速成长。好孩子推车、童车及玩具车都得到了市场的好评。在推车产品稳居全球市场领导者地位之后，企业更坚定地以工业设计为导向，在全球各地创建了五个设计中心，通过细分市场的研究并依据相关法规创新设计产品。

1992 年 1 月，由北京集成电路设计中心等单位研究开发的集成电路 CAD 熊猫系统通过国家技术鉴定，对中国集成电路技术，特别是集成电路 CAD 技术的发展具

[1]　中国玩具协会：《中国玩具 30 年》，2007 年。

图 7-15　好孩子推车

图 7-16　好孩子童车

图 7-17　好孩子玩具车

有重要的战略意义。同年 2 月，中国家用电器协会和中国信托投资公司联合组团参加德国科隆国际家用电器博览会。这是中国家电行业首次参展，共有 10 个企业参加。这一年，青岛冰箱总厂率先在行业内通过 ISO9001 认证，上半年冰箱出口量达 8 万台，成为世界级供应商，同时成为亚洲地区冰箱出口德国市场最多的厂家。

1993 年，中国研制出氟利昂替代品 CFC11，解决了冰箱行业发泡剂替代难题。家电产品的开发也突出了科技的先导作用，许多企业在开发低氟产品、加强计算机技术应用等方面做出了积极的努力。在国际组织的支援下，万宝、海尔、长岭、华意等公司纷纷推出低氟冰箱产品。在这一年，青岛海尔集团推出变频式空调。11 月初，北京国际家用电器产品及技术装备展览会成功举办，这是中国家用电器协会首次主办的国际家电行业大展。

1994 年，外国公司纷纷在中国寻求合作伙伴，在中国建立生产其产品的基地。小天鹅公司与德国博世－西门子家电集团 11 月 11 日正式签约合资建立博西威家用电器有限公司。北京雪花电器集团公司同美国惠而浦电器公司合资成立北京惠而浦雪花电器有限公司。到 1994 年底，已有 20 多家企业与国外家电生产企业合资建立新公司。这一年，为保护大气臭氧环境而在冰箱行业开展的 CFC 替代工作取得了阶段性的进展，约有 30 家冰箱、冷柜生产企业获得或申报了蒙特利尔多边基金项目，不少企业推出了无氟或低氟产品。洗衣机行业中，由济南洗衣机厂独家生产滚筒洗衣机的局面已被打破，依靠引进技术，小天鹅、海尔、美菱和兰菊等企业开始生产滚筒洗衣机。波轮式洗衣机向大容量发展，最大容量已达 5.5 kg。空调产品也日渐成熟，有 8 家企业年产量超过 10 万台，名牌产品正在形成。上海日立和沈阳华润两个压缩机项目在这一年投产，使空调主要配套件——空调压缩机的国产化配套能力大大增强。

1995 年，中国家电制冷 CFC 替代工作进展迅速。5 月，科龙电器股份有限公司宣布，容声牌全无氟节能冰箱技术通过国家科委鉴定。海尔、长岭、万宝等公司也已采用替代技术实现批量生产。利用微电脑技术装备家电产品成为潮流，继模糊控制技术成功运用于洗衣机之后，华日电冰箱有限公司推出了模糊控制智能冰箱。同期，第一台全塑外壳，集洗衣、脱水、烘干三合一的全自动滚筒洗衣机在海尔诞生。海尔滚筒洗衣机界面充分考虑了易用性和方便性，投放市场后始终占据单价最高、产品销量第一的位置，打破了欧美品牌一统滚筒洗衣机天下的局面。

青岛海尔集团所属的海高工业设计公司当时是与日本 GK 设计公司合资成立的专业设计公司，也是当时中国工业设计的一面旗帜。由于基于海尔家电制造体系而展开设计，并且由曾经与日本松下、索尼、东芝等国际家电巨头合作过的设计师挂帅，此次合作的成果为世人所注目。时任中国工业设计协会会长的朱焘在不同的场合都大力推荐海尔的工业设计经验。事实证明，在当时的情况下，专注于大型制造行业的工业设计公司比较容易取得成功，这是日本 GK 设计公司创始人荣久庵宪司自 1991 年参加'91 多国工业设计研讨会后，考察多地的中国制造企业得出的结论，

图 7–18　海尔滚筒洗衣机

于是他谢绝了到上海开设GK设计中国公司的邀请而毅然赴青岛与海尔合资。海尔工业设计的成功为正处于“自立”期的中国工业设计公司树立了学习的榜样和追赶的目标，这个时期无论是从事工业设计实务工作的人，还是院校教师，都会关注、研究海尔的工业设计现象，特别是家电企业建立工业设计部门的时候，大部分都借鉴了海尔的工业设计模式。

在北京召开的全国集成电路设计（ICCAD）工作会议研究了中国集成电路设计业的发展思路和规划布局，确定了集成电路定点设计单位的基本条件，之后，电子工业部提出实施“大公司战略”，加快了彩电行业生产向大公司、大集团集中的过程，提高了彩电企业参与国际竞争的实力。1995年1月，国家技术监督局和电子工业部联合发表公告：中国自行设计生产的大屏幕彩电已经达到了20世纪80年代末期国际同类产品水平，部分产品达到了20世纪90年代初期国际同类产品水平。3月底在北京开幕的1995北京国际家电展集中展示了中国家电业的整体实力。1996年3月，长虹向全国发布了第一次大规模降价的宣言——降低彩电价格8%～18%；两个月后，康佳跟进，打响了彩电业历史上规模空前的价格战。4月，国家“八五”重点特批建设项目河南安阳彩色显像管玻壳有限公司二期工程正式投产，年产玻壳1 100万只，产品质量和规模都进入国际前列。7月，TCL公司通过兼并收购成立了TCL王牌电子（深圳）有限公司、TCL电器（惠州）有限公司和TCL电子（香港）有限公司。康佳集团先后与黑龙江牡丹江电视机厂、陕西西安如意电视机厂、安徽滁州电视机厂联合，组建了康佳电子实业有限公司。此后，广东惠州TCL集团与河南新乡美乐集团实施资产重组，四川长虹集团与长春电视机厂、南通三环电视机厂开展合作。其他企业跨地区、跨部门的联合及企业的兼并、重组势头也十分明显，科龙集团通过兼并、重组先后在成都、营口建立冰箱生产基地；长岭集团和黄河机器制造厂联合组建长河集团；珠海格力电器股份有限公司兼并江苏黄河纽士威电器公司。

1997年2月，中国家电协会再次组团赴德国科隆国际家用电器博览会参展，成交近5 000万美元。这是中国一流家电企业首次在国外集体亮相，充分展示了中国家电业的实力。6 月，全国家用电器工作会议在北京举行，与会企业共同提出《中国家用电器行业文明竞争公约》。7 月 28 日，国家计划委员会发布了彩电工业的发展状况和“九五”发展规划目标，宣布中国已经形成较为完整的彩电工业体系，产销量均居世界前三名。10 月，中国自主开发设计的首台超大屏幕（34 英寸）彩电在康佳集团通过了电子工业部主持的国家级设计生产定型。11 月，16 英寸彩色等离子显示屏由电子工业部 55 所研制成功，填补了国内空白。同月，彩虹集团公司生产出中国首批 16 英寸彩色显像管。

1998 年，全球数字化浪潮已席卷到中国。年初，国产第一代全数字彩电投放市场。2 月，中国第一条自主开发设计的超大屏幕背投彩电生产线在福建日立电视机有限公司投产。

1999 年 7 月，1999 家用电器电子技术应用研讨会在上海召开，这是中国家电业首次召开该领域的研讨会。同月，国家环境保护总局与联合国开发计划署联合签订了全球环境基金“中国节能氟利昂替代冰箱广泛商业化的障碍消除”项目。9 月，1999 中国家用制冷工业 CFC/HCFC 替代及节能技术国际交流会在南京召开，这是家电行业第七次也是最后一次召开该专题的研讨，标志着中国冰箱、冷柜、冰箱压缩机行业的氟利昂替代工作已经进入尾声。年底，《维也纳公约》缔约方大会第五次会议以及《蒙特利尔议定书》缔约方大会第十一次会议在北京召开，就保护臭氧层问题签署了《北京宣言》。1999 年，信息家电成为媒体关注的焦点，与彩电业密切相关的机顶盒产品，可上网的冰箱、微波炉等新产品话题不时出现。

第八章

互动设计，东风西渐

新世纪到来之际，中国工业产品在数量上以前所未有的速度在增加。就每一类工业产品而言，分层更丰富，更能够满足消费者个性化消费的需求，至此，可以认为中国工业产品的结构进入了后产品层时代。中国工业设计抓住个性化消费需求的特征，融合了国际先进的工业设计理念，从而进入了“自强”期。

这一时期工业设计仍将面对市场需求这一永恒不变的主题，但思考侧重于引领市场消费。从事工业设计的人员已经被明确地表述为工业设计师，以区别于工程技术人员，不少工业设计师已参与企业决策，并发挥着积极的作用。

这个时期中国工业设计的形态呈现“一个不变”和“三个改变”的特征。“一个不变”是面向市场，追求经济效益的原则不变。“三个改变”首先是影响工业设计的要素有所改变，即政府通过转变职能，不断引导产业发展，奖励工业设计成果，并建立了工业设计的公共服务平台。其次是从事工业设计活动的设计师知识结构发生了重大改变，即他们的知识结构基本与国际接轨，在拓展了新的设计领域的同时形成了丰富的设计运营模式。再则是设计师的文化意识产生了重大改变，即这一代设计师不再纯粹照搬西方工业设计的理念和方法，而是在其中加入东方思想的要素，从而创造出东、西方人均为之惊叹的设计成果。设计师的文化意识必然会投射到其设计的对象之中，从而影响消费者文化意识的形成并直接影响其生活行为和生活方式。

第一节　工业设计与市场的互动

2002年3月，信息产业部召开彩电企业座谈会并出台《关于促进我国彩电工业发展的指导意见》，为彩电行业发展指明道路。此时国内外彩电品牌开始将经营重心转向高端的平板电视市场，TCL、创维几乎同时宣布将PDP电视价格大幅下调，随后LG、三星也跟进；液晶电视也不断突破尺寸和价格的极限。TCL打造的背投产品帝国中，工业设计发挥了决定性的作用，其产品形象充分地表达了电子技术的科技特征，成为企业品牌的代表和开拓市场的先锋。2002年4月初，强制性产品认证制度推广会召开，国家质量监督检验检疫总局和国家认证认可监督管理委员会发布了《强制性产品认证管理规定》，将原有认证制度统一为“中国强制认证”（简称CCC），进入统一目录的产品将于2002年5月1日起强制实施CCC认证。2002年，在市场需求的导向下，家电行业内的重组和整合趋于活跃，企业间资源共享的合作在加强，国有资本在家用电器行业的比例在减少，外资的独资倾向在增强，民营资本的扩张在加剧。

2003年10月14日，国务院发布关于改革出口退税机制的决定，下调了出口退税率。11月，《家用电冰箱耗电量限定值及能源效率等级》标准实施，将冰箱按能耗分为五个等级。2003年月12月，经民政部批准，中国家用电器协会废旧电子电器再生利用分会成立。国家发展和改革委员会确定浙江省和青岛市分别为废旧家电及电子产品回收处理体系试点省、市，并且开始着手起草制定《废旧家电及电子产品回收处理管理条例》。

中国家电业在2004年掀起了轰轰烈烈的并购风潮。3月，南京斯威特集团入主小天鹅集团；9 月，其又收购小鸭集团洗衣机主业；格力电器收购母公司珠海格力集团公司持有的下属四家子公司的股权，结束了格力集团和珠海格力电器股份有限公司之间的“父子之争”；10 月，陕西彩虹集团入主厦华电子，新加坡丰隆亚洲股份有限公司接盘新飞；11 月，美的电器成功收购华凌；12 月，美的集团收购荣事达中美合资公司股权。这一年，其他方面也并不平静，美国国际贸易委员会最终裁决从中国进口的特定种类彩电确实对美国产业造成了实质性损害，美国商务部发布行政命令，开始正式向中国有关彩电企业征收反倾销税，中美反倾销诉讼以中方败诉告终。这是继 2002 年中国家电企业遭专利之困之后的又一次挫折，当时以汤姆逊为代表的 1C、以飞利浦为代表的 3C、以东芝为代表的 6C 等多家 DVD 制造商结成联盟，向中国 DVD 企业索要专利费。但中国家电企业并未就此消沉，在 2004 年中国国际家电展上，几乎所有的中国主流家电品牌与著名外资品牌同台较量，展示了最先进的家电产品和技术。中国生产的空调、冰箱、电饭煲、微波炉、吸尘器和电动剃须刀六类家电产品国际市场份额居全球首位。

2005 年被称为“平板电视年”，平板电视销售开始爆发并进入普及阶段。TCL 背投电视的外壳极致精简，镶着图像画面的边框在银色背幕的衬托下突出了科技感。长虹在产品功能开发上再次创新，长虹 F 系列液晶电视的设计体现了“晶莹剔透，

图 8–1　TCL 背投电视

图 8–2　长虹 F 系列液晶电视

图 8-3　海尔变频对开门冰箱

图 8-4　海尔超薄高能效空调

灵韵科技”的设计创意理念，底座采用了大面积的镜面材料，金属铝拉丝面板的中间镶嵌高亮镀铬按钮，同时将 DVD 功能融合，使消费者使用更方便，有效地通过工业设计重新塑造了产品形象。历经前几年的残酷竞争，行业品牌集中度进一步提高，格力、美的、海尔、海信等主流品牌纷纷扩大生产力，同时组建了企业的工业设计团队，在研究细分市场的需求后，更以工业设计为引领，整合新技术、新材料、新工艺，更加自信而成熟地推出高端产品。海尔变频对开门冰箱是中国第一台使用宇航材料的变频对开门冰箱，实现了厚度减半，省电一半，将贴心设计融入生活，是科技魅力与尊贵气质完美交融的艺术品。海尔超薄高能效空调，造型简洁明快、现代时尚，自动开关出风设计配合高能效变频技术，更加节能环保。

2006 年，中国数字电视产业发展提速。4 月，信息产业部公布了与数字电视相关的 25 项电子行业标准，其中包括液晶、等离子、液晶背投、液晶前投、背投阴极射线管、阴极射线管六项数字电视显示器类高清标准。5 月，国家标准化管理委员会在家电业公开征集八个国家标准的起草单位，企业成为国家标准制定的主体。此外，一系列家电相关法律、法规出台。同月，中国能效标识专家委员会和能效标识诚信企业联盟成立，同时，第二批能效标识产品目录出台，洗衣机和单元式空调等将于2007年3月1日开始实施能效标识管理制度。2006年7月，欧盟RoHS指令正式生效，要求在八类电子电气设备中限制使用六种有害物质，并规定了在均质材料中六种有害物质的最高限量，节能环保成为年度主题。2007年3月，《电子信息产品污染控制管理办法》实施。2007年7月1日，由国家环保总局、发改委、商务部、海关总署、质监局五部委联合签发的“禁氟令”正式实施。2007年12月，全国电工电子产品与系统的环境标准化技术委员会正式成立，全国家用电器标准化技术委员会家用电器服务分技术委员会和家用电器可靠性分技术委员会先后成立。

中国家电行业的快速发展，得益于国家宏观经济政策的调整。在市场经济体制建设中，有了正确的产业政策引导和相关机制的建设，工业设计才能够实现与市场的互动。

进入21世纪以来，毫无疑问工业设计已经逐渐成为中国经济腾飞的引擎，而专业的工业设计公司也大显身手。上海博路工业设计有限公司与浙江得力集团保持了长期战略合作，设计师张展设计的卷笔刀创造了单品销售70万件的纪录。上海博路工业设计有限公司通过对其产品整体形象、策略和企业形象的系统设计，为得力集

图8-5　得力集团卷笔刀系列产品

图 8-6　多少牌家具

团成为全球文具行业的市场领导者提供了助力。通过工业设计，得力集团卷笔刀系列产品具有了附加值。还有一批人称“品牌设计常青树”的设计师，如邵隆图、赵佐良则一如既往地将设计服务进行到底，他们二人创立的石库门黄酒品牌使企业进一步开拓了市场。

多少牌的绝大多数产品的设计都来自国内著名设计机构——上海木码艺术设计有限公司。它是国内最具活力的设计公司之一。多少牌家具设计以营造文化语境见长，产品细节设计几经琢磨，考虑得十分周到，设计对加工制造工艺的控制也非常有力。上海木码艺术设计有限公司的掌舵人侯正光毕业于英国白金汉大学，并取得家具设计硕士学位，他将设计当成是享受生活的一种途径。

“漫生快活”则是桌上生活用品的一个品牌，是上海木马工业产品设计有限公司设计师对生活态度的解读。稳重沉着却不失锐气；张扬洒脱又不乱分寸。面对人生，“漫生”“快活”不是非此即彼的武断。此二者相对，却并生共长。繁简之间的分寸一如平衡生活的期许，这也是他们设计生活的写照。丁伟，“漫生快活”的一位灵魂人物，毕业于清华大学美术学院工业设计系，2002 年创建上海木马工业产品设计有限公司并担任设计总监，他带领设计团队完成了众多设计项目，服务于飞利浦、美国通用电气公司、奥的斯电梯公司等跨国企业，多次荣获 iF 设计奖、红点设计大奖、中国设计红星奖、上海百强设计机构等奖项，并被中国中央电视台新闻联播、韩国 KBS 电视台等国内外媒体报道。谈及中国工业设计的现状，他认为，所有的这些努力都是站在设计为产业服务的角度。设计曾被认为是产业提升的手段并处于从属者的位置；但是今天，越来越多的迹象表明设计服务业将作为独立的产业来发展，以设计力来整合制造和销售的新型商业模式将迎来前所未有的发展机遇。在感到兴奋之余，作为设计师的丁伟也深谙肩上的责任——探索实践工业设计的产业化路径。近年来，丁伟在“设计立县”项目上另辟蹊径，进行了有价值的探索。这种基于县域经济、产业现状，通过工业设计的介入，重新梳理、整合，形成地方新的产业竞争力，提升其价值，促进地方经济良性发展的做法受到各地的欢迎。

得益于 2008 年奥林匹克运动会水上项目在青岛的举行，小型游艇的设计近年来得到快速发展，也造就了一批专业的设计和制造公司。而珠江三角洲地区的设计师一如既往地用务实的态度服务于地区制造企业，两者之间产生了十分有效的互动，以浪尖、洛可可、嘉兰图为代表的新型工业设计公司独领风骚。他们均创建于 2000 年左右，设计领域涵盖电子信息、家用电器、医疗保健、运动休闲、办公文具、新能源设备等方面，历经市场的历练，创造了众多的优秀设计和商业模式，使自身迅速壮大。曾经在蜻蜓工业设计公司工作，后来为浪尖工业设计公司创始人的罗成认为：当代的工业设计应该提供研发设计、生产制造、采购物流、成本控制、市场营销、品牌策划一体化的大设计解决方案。洛可可设计集团创始人贾伟则以“发展整合服务，为中国制造走向中国智造提供支撑”为理念发展自我。2013 年洛可可、嘉兰图均获得工信部评定的“国家级工业设计中心”称号。身处珠江三角洲的企业工业设计中心也为自身品牌的发展推波助澜。飞亚达表业公司副总经理李北主管工业设计，促成了国际著名设计师与之合作，以航天手表的研制为契机，在应用新材料提升其技术性能的同时将工业设计的理念发挥得淋漓尽致。作为美的集团工业设计中心创办人之一的董瑞丰日后又创办了以自己名字命名的汽车设计公司，不断地实现着他的快速移动梦想。三诺集团则由其设计中心连续运作数年举办工业设计大赛，对催生优秀工业设计人才起到了积极的作用。中国香港工业总会创立至今，一直致力于协助企业价值的提升，秉承“工业创新”的宗旨，帮助企业应对各种挑战，特别是由其举办的香港工商业奖在鼓励消费产品、

图 8–7　智能家庭机器人

装备产品优秀设计方面起到了持续的推动作用。香港智领高集团有限公司设计的智能家庭机器人通过 APP 控制能够与人一起游戏、跳舞，获 2014 年香港工商业奖消费产品设计大奖。

第二节　政府与行业的互动

中国工业设计的行业协会组织与行业间的互动日益增多。2005 年北京市科学技术委员会、工业设计促进中心正式启动“北京设计资源共享中心”园区基地的建设，并于次年成功地推出了“中国设计红星奖”，计划用十年时间将其打造成中国工业设计领域的“奥斯卡”。[1] 深圳市已将工业设计作为产业振兴的支点，并于 2008 年先行申请加入世界创意城市网络，成为设计之都，深圳市政府、深圳市工业设计行业联合会、深圳市设计联合会、深圳市平面设计协会等联动各种国际设计组织、中国香港设计中心设计营商周、中国台湾创意设计中心举办了各种设计交流和推进活动。上海设计创意中心、上海工业设计协会于 2008 年举行了“影响上海设计的 100 位（个）设计师与设计机构”评选活动，意在建立设计人才高地。2009 年由中国工业设计协会、上海市经济和信息化委员会、上海设计创意中心、上海工业设计协会、

[1]　《趋势——北京工业设计通讯》，2007 年总第 92 期。

图 8–8 “中国设计红星奖”获奖作品，中国铁路高速列车设计

上海市宝山区人民政府和国际设计组织共同打造了“上海国际工业设计中心”园区，并开设了中国工业设计博物馆，展出了千余件中国各个时期批量生产的工业产品及设计档案，为收藏、研究中国工业设计历史提供了基地。中国工业设计博物馆是笔者与上海汽车集团资产管理有限公司张国新、徐志刚、张善晋共同发起的，得到了中国工业设计协会朱焘、上海市经济和信息化委员会、上海市科学技术委员会、上海市宝山区人民政府的大力支持，现为国家科学普及基地，并在国际设计博物馆网络会议上做了全面介绍。

作为国家级专业协会的中国工业设计协会经过 30 余年的不懈努力，在普及、推动中国工业设计的思想和实践方面做了大量的工作，朱焘会长多次向国家领导人呈送报告，表达行业的诉求。自 2010 年起，协会配合工业和信息化部起草了《关于促进工业设计发展的若干指导意见》，该文件的出台是中国工业设计发展史的里程碑，中国工业设计协会也完成了为行业争取政策支持的历史使命。自从《关于促进工业设计发展的若干指导意见》出台后，各省市都根据自己的实际情况，紧密结合当地

图 8-9 中国工业设计博物馆交通工具展区

图 8-10 在中国工业设计博物馆举办的展览上，国际设计师科拉尼向来宾介绍设计

的产业需求制定了相关的政策，大力发展中国工业设计事业。

第三节 “东方”与“西方”的互动

近几年，从海外留学归来的年轻设计师的作用日益显现，他们是今天中国工业设计东西方互动的实践者。他们一面接受国际大品牌的设计委托，帮助其品牌扎根国内，一面又致力于创建自己的设计品牌。留德归来的设计师杨明洁为绝对伏特加设计的双瓶酒包装获得全球最著名的工业设计大奖 iF 设计奖，同时创建了 Y-TOWN 品牌，不间断地推出环保产品设计计划，将废弃物重新设计，重新发现其价值，重新阐释了东方“天人合一”的理念。同为留学德国的设计师王杨为施华洛世奇所作“水晶魔方”的设计大获成功，同时创建了 YAANG 品牌，由她设计的一系列新中国元素风格的产品风靡市场。王杨设计的“囍”字保温瓶为新中国元素设计的分主题之一，其形态来自老产品，但其工艺都进行了重新设计，受到高端市场的青睐，成为婚庆活动的新吉祥物。

侯正光在创办设计企业的同时，创建了以“晒上海”为名的概念设计展，目的是通过创建共用品牌为年轻设计师提供更大的创作空间，以此促进本土设计的发展，

图 8-11 王杨设计的“囍”字保温瓶

图 8-12 刘凯传“晒上海”参展作品

图 8-13 吕永中的设计作品

并由一批年轻设计师深度参与，其作品必须将上海的元素融入新的产品设计中。“晒上海”概念设计展为常年举行的活动，每年都有新设计诞生。刘凯传的参展作品将上海高层建筑的形态与檀香扇融为一体，使现代性与传统性共存。另外，由吕永中、牛斌创立的半木（BANMOO）品牌也以探索中国设计语言为己任，受到了广泛的好评。吕永中的设计作品是他心灵的镜像，一如图中展示的那样。

随着工业设计的作用越来越被各行各业所认可，工业设计参与国家重大项目的机会也越来越多。西北工业大学工业设计系余隋怀教授率领的团队潜心于神舟九号飞行舱、人员生存环境及操纵器方面的设计，他们根据其产品的特点和几近苛刻的技术要求，引进人机工学概念，改变了俄制产品的传统设计，使神舟九号操纵器增加了方便性和舒适性，特别适合东方女性宇航员的操作，飞行舱内的灯光、色彩更加人性化，赢得了宇航员的赞誉。神舟九号驾驶舱环境、操纵器的成功设计也使得从事高端技术研发的相关专家坚信工业设计在优化人机关系方面有着不可替代的作用。过去由美国工业设计师雷蒙德·罗威表述的“工业设计涉及的领域从口红到人造卫星”的论断在今天的中国也得到了印证。同样的方法应用在蛟龙号潜水器的人员生存空间设计方面也取得了很好的效果。在新能源汽车、国产高速动车组、ARJ21支线飞机、C919大型客机、微型无人驾驶飞机、民用和工业机器人及军工装

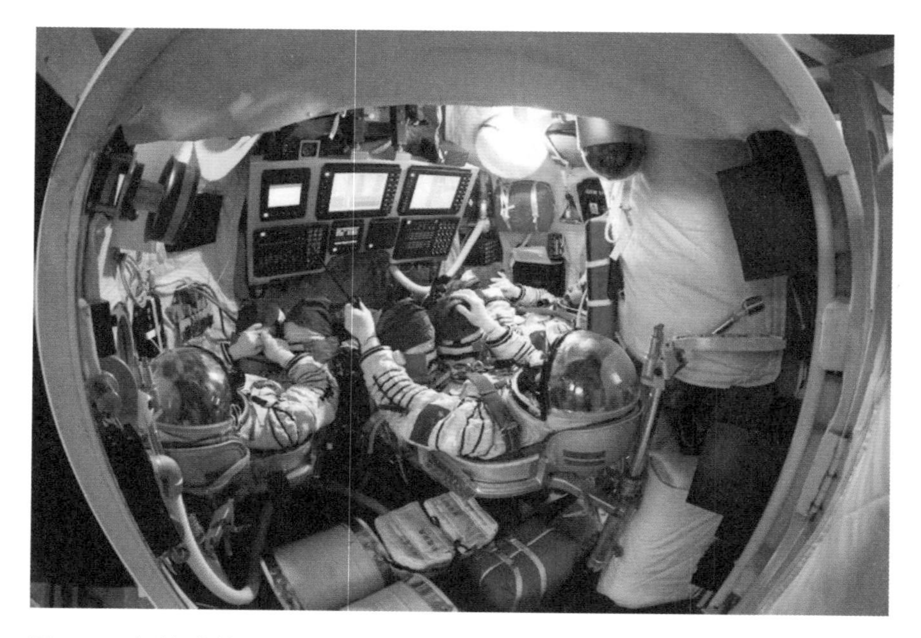

图 8-14 余隋怀教授团队设计的神舟九号飞行舱和人员生存环境及操纵器

备等产品设计方面，工业设计也体现了自身的价值。而红旗牌L5型、L7型高级轿车与红旗牌HQE型中级轿车的设计过程更是体现了中西互动的理念。红旗牌L系列轿车设计效果图从整体上遵循了国际豪华车的规律，细节设计上具有红旗品牌自有的特征。

图 8-15 红旗牌 L 系列轿车设计效果图

图 8-16　红旗牌 L 系列轿车设计预想图

图 8-17　红旗牌轿车产品主设计师常冰

第四节 《中国制造2025》中工业设计的机遇

2013年4月德国政府在汉诺威工业博览会上提出了“工业4.0战略”，这个计划是德国联邦教研部与经济技术部联合资助，在德国工程院、西门子公司等学术、产业界建议和推动下形成的思路，并且已经上升到国家层面，其目的是提高德国工业的竞争力，使其在新一轮工业革命中抢占先机。由于“工业4.0”以智能制造为主导，通过充分利用信息技术和网络空间虚拟系统，以及信息物理系统相连接的手段，具有将制造业向智能化转型的特性，西门子公司已率先将这一概念引入其工业软件开发和生产控制系统。

“工业4.0”项目有三大主题：首先是“智能工厂”，重点解决智能化生产系统及过程，以及网络化分布式生产设施的实现；其次是“智能生产”，主要涉及整个企业的生产物流管理、人机互动及3D打印技术在工业生产过程中的应用；再则是通过互联网、物联网整合提高资源供应的效率。在此之中，一个十分重要的理念是使广大的中小企业成为新一代智能技术的使用者与受益者，同时也成为先进工业技术的创造者和供应者。

美国国家层面于2009年12月提出了《重振美国制造业框架》，以及相应启动的《先进制造业伙伴关系计划》《先进制造业国家战略计划》。日本2012年6月公布了《日本再兴战略》，佳能公司通过机器人、无人搬运机、无人工厂实现从“细胞式生产方式”到“机械细胞式生产方式”的转型，创造全球首个数码相机无人工厂。这一切都表现了对未来再工业化的思考和实践。

中国青岛中德“工业4.0”推动联盟于2014第16届中国国际工业博览会上推出了中国首套“工业4.0”流水线，力求在大数据革命、云计算、移动互联网时代，对中国企业进行智能化、工业化相结合的提升。与此同时，中国科学院、工程院院士创导的提升中国制造策略研究正接近尾声，其中由中国工业设计方面的专家及研究团队深入介入，这既反映了国家对于工业设计作用的重视，比较深刻地理解了工业设计对未来中国制造发展的直接作用，也为今后中国工业设计的发展拓展了新的空间。

2015年5月8日，国务院发布《中国制造2025》文件，全面部署推进由“中国制造”到“中国创造”的战略任务，特别提出：在传统制造业、战略性新兴产业、现代服务业等重点领域开展创新设计示范，全面推广应用以绿色、智能、协同为特征的先进设计技术。加强设计领域共性关键技术研发，攻克信息化设计、过程集成设计、复杂过程和系统设计等共性技术，开创一批具有自主知识产权的关键设计工具软件，建设完善创新设计生态系统。其中特别提到培育一批专业化、开放型的工业设计企业，设立国家工业设计奖，激发全社会创新设计的积极性和主动性。

未来中国工业设计的实践将根据中国制造战略的具体内容，以工业设计作为中国“发展质量好、产业链国际主导地位突出的强大制造业”的支撑要素，伴随着工业化、信息化“两化融合”的指导方针，秉承绿色发展的理念，为中国在2025年迈入制造强国的行列而努力。与此同时，中国工业设计实践将从传统的以工业产品为中心的工作转向服务设计这一更加广泛的领域，由此形成中国工业设计思想方法和工作方式的改变。清华大学美术学院王国胜曾引用意大利米兰理工大学研究者的结论来表述设计自身必须通过三大步骤来实现自我的“转身”：其一是融入新兴的经济模式；其二是拓展设计的范畴，实现服务设计的核心作用；其三是提供设计未来的发展目标，以作为未来各领域协同的核心。这些都是未来中国工业设计的任务，也是中国工业设计发展的机遇，服务设计的核心是向用户提供价值而非单纯的产品或交互，后者只是实现服务设计的手段。打造这种核心，就意味着工业设计的思想资源不会单纯地停留在纯技术层面，还需要更多地整合经济、社会、文化等资源，有效地融合、交叉，并进行创新思考和探索。中国百年工业及其设计实践和思想的研究正是基于这种需求而变得更加具有现实意义。

第九章
中国工业设计成果对当代的启示

第一节　全球视野下的中国工业设计思索

一、完成中国工业设计史的整合

在较长的一段时间内，中国工业设计比较注重欧美、日本，甚至韩国的理念及发展历史，集中于20世纪80年代中期以后编译、介绍的论文和著作一直是我们的教材。随着时间的推移，对中国工业设计的发展历史及相关经济政策、社会特征的研究成为我们关注的内容。

从历史上来看，近百年来，我国社会制度，国际、国内的政治、经济和社会都发生了重大变化。从表象上看，中国工业设计发展似乎经过了许多曲折，每个时期的表现形态互不相关，令人琢磨不透，甚至于对工业设计在中国产生的时间有着不同的观点。笔者借鉴当代科学技术史研究方法和中国近现代建筑史整合研究的方法，以“田野调查”的手段深入考察其过程，发现各个时期有较强的连贯性和关联度。

近一百年来，中国努力不懈地行进在工业化的道路上，特别是1949年中华人民共和国成立后，工业化步伐加快，直至改革开放时期形成了一个有所继承、有所发展、有所变革的过程。忽视这样一个过程其实是忽视了中国工业设计本体内的连续性，而被表象的非连续性迷惑。而改革开放以来中国追赶世界工业设计潮流的努力也是该过程中的一个重要环节，而不仅是中国工业设计的初始。

经过前面章节的分析和整理可以初步得出结论，百年的中国工业及其设计实践过程可以整合出一个完整的“中国工业设计史”。1910 年之前，中国工业设计关注单纯的产品制造。1910 年之后，中国工业设计在构建科学、技术、管理、制度等诸多要素的同时，关注产品的制造与普及使用，并可从“国际工业设计思想的传播”“中国工业设计的实践”“中国工业设计的产业价值”三条线索进行表述，见表 9–1。

表 9–1　中国工业设计的实践及其产业价值

时　间	国际工业设计思想的传播	中国工业设计的实践	中国工业设计的产业价值
1911—1927 年	欧美国家产品通过中国定制、购买进入中国市场，留学生带来工业化概念	以移植欧美设计成果为导向并进行产业化尝试	使产品承载技术和设计，满足了部分国防及市场的需求
1928—1938 年	欧美现代主义设计思想通过建筑设计而在中国完整展现，并通过中国第一代建筑师的理论传播初步奠定工业设计的思想理论基础	民族资本通过兴办实业，进一步借鉴、学习欧美的工业设计，通过解析欧美工业产品首先尝试轻工业产品的工业设计	具有较清晰工业设计意识的产品通过品牌渗透市场，使企业具备了良好的商业模式，初步形成了产业体系
1939—1948 年	大量中国留学生深入欧美企业实习，将近距离体验的工业设计理论和知识带回中国	官僚资本控制的中国企业全面导入欧美工业设计的理念和方法；因抗日战争一度停滞，战后又逐步恢复	工业发展趋缓，工业设计产业价值不甚明显，但其知识和人才储备为以后的发展奠定了基础
1949—1959 年	国际工业设计思想被淡化，现实国情构成其自发延续和发展的基础	在重工业领域接纳、消化国际先进技术，以“实用、新颖、美观”的原则进行设计，并初步实现自主开发产品	在建立新中国工业体系过程中最大限度地发挥优化产品整体性能的作用，手工艺行业初步接纳工业设计思想
1960—1969 年	苏联及一些东欧国家的设计间接传播了国际工业设计意识，欧美留学归来的专家在各自的行业中自觉应用其相关理论和知识	初步完成新中国工业设计的三大任务，即塑造国家形象、维持民生和出口创汇	逐步形成新中国工业产品链，工业设计服务于工业产品的批量生产要求

（续表）

时　间	国际工业设计思想的传播	中国工业设计的实践	中国工业设计的产业价值
1970—1979 年	积极引进国际先进技术、国际工业设计理念和方法，随着新技术革命的发展，国内科技情报系统基于技术层面传播国际工业设计理念	利用引进的国际先进设备和技术积极改良传统产品设计，对装备产品进行整体优化设计	提升品牌价值，满足市场需求；传统名牌产品借势拓展市场，传统手工艺历经整合，在出口创汇方面多有建树
1980—1989 年	经历新技术革命后的国际工业设计的实践、经验和成果被广泛介绍，国家派遣的留学生成为传播国际工业设计思想的主力军	直接学习国际工业设计的理念，引进技术与合资并举，通过国际贸易引进、消化国外民用产品达到一个高潮	重新评估工业设计在产业中的作用，工业设计逐渐在开发流程中体现作用
1990—1999 年	国际交流不断深化，研究工业设计发达国家和地区的产业政策及在其主导下的成果	由理论争鸣转化到工业设计企业、设计中心全面承担工业设计任务，工业设计活动渗透众多行业	产业布局及梯度转移逐渐合理，国际先进技术及产品有机消化并形成企业自身竞争特色，南方工业设计产业蓬勃发展
2000 年以后	中国工业设计界与国际同行互动，国家提出发展工业设计的产业政策，再次全面演绎了国际工业设计的思想	新一代从海外留学归来的设计师通过打造自己的设计品牌和推出产品传播多元的工业设计理念	以工业设计提升产业核心竞争力，成为积极推进创新驱动、转型发展的主要抓手

打破人为的时间分割，建立中国工业设计历史的整合观，积累中国工业设计历史中所有创新者的智慧，对于我们寻找历史与现实之间的关联性至关重要，同时也是寻找未来中国工业设计在全球工业设计中定位的需要，也是对构建适合未来工业设计发展的各种要素的需要。

二、实现国内外工业设计历史的比较

欧美、日本等发达国家和地区有关自身工业设计历史的著作、文献较多，从事该领域的研究者掌握了具有现代意识的思想工具，加之历史上形成的良好学术氛围，因而有较丰硕的成果。经过中国几代研究者的介绍与传播，这些历史已经被专业人士所谙熟，加上这些年中国学者大都考察过世界著名的工业设计博物馆，以及影响其设计历史的著名产品量产以后也都在中国市场销售，并成为中国人的收藏品，因此不管从主观上还是客观上了解、研究国际工业设计历史相对来说都具备了较好的条件。

中国工业设计史的研究一直是盲点，且不说缺乏收藏的个人和机构，原生产企业的档案也不齐全，所以中国工业设计的历史一直呈现“碎片状态”，研究难度之大可想而知。但现实状态需要我们潜心于这个领域做研究。国际工业设计的成果成功地帮助了相关国家进行经济转型，基于自身产业文化发展的典型案例告诉我们，在其历史发展过程中需要博采众长、吐故纳新，才能获得关于其发展的普遍性、规律性、真理性认识。

阅读作为“国际文本”的国际工业设计史进一步充实了我们的专业知识，尤其有助于考量文化创意产业与日常生活、大众文化、社会价值的关系，以及进一步考量其与地区经济、科学技术、社会体制的关系。

与此同时，我们通过阅读作为“本土文本”的中国工业设计史也可以发现其自身的特点，确立文化哲学的视角，梳理人类文化的历史遗产及现实成就，为彰显中国工业设计的个性做更扎实的理论储备。

两者的双重阅读是一种“比较”的活动，其目的是启迪思考、鼓励发现、推崇创新。不同时期、不同国度的工业设计思想与实践的比较是汲取文化营养、滋润创意的有效途径，是深耕创意的过程。从横向来看，任何一种产业文化都不具备纯粹的自治性或权威，只是在共同的构架中来诱发新的创意，抵御着平庸创意的滋生，增大新生创意及新生诗意的机会。“比较”使产业文化中被压制的故事释放出来，并能使其脱离原来的时空和熟悉的结构进入一个互动的共性空间中。更具体地讲，设计 A 和设计 B 是有差异的，通过比较使 A 与 B 交叠、互动，构成了比较本体的中心内容，也成了新创意的起点。

庞卓恒在其《比较史学》一书中认为运用比较可以追求四种目的：（1）初步确定几个比较对象之间的同异，这属于比较方法的最简单和最容易实现的目的；（2）分析比较对象之间的同异，把它们作为分门别类、划分类型的手段，这是类型方法的出发点；（3）确定研究的现象或者过程在历史发展的前后联系中的地位；（4）说明因果关系，解释研究的现象和过程的相同特征。这种解释性的比较是最终的复杂比较方法。他指出历史的比较方法具体表现为三种形式：（1）按时间的中心线，按照一定地区内历史发展的垂直线进行比较。把以前在一定的明确规定区域内发生的事件与以后发生的事件加以比较或者相反地加以比较，确定其共同点和差异点。（2）共时性的比较，从狭义上讲，是比较发生在同一时期内不同地区的历史过程。共时性比较分析往往有助于确定历史发展的不同程度，即它的不同时性。（3）类似历史情况的比较。对类似的历史情况进行比较，它为我们理解历史发展的内在联系和阐明其部分规律开辟了道路。

对国际工业设计史与中国工业设计史的双重阅读可以让设计师，特别是理论研究工作者做上述各类比较。当然庞卓恒指出：应用比较方法的一个主要危险在于高估它的可能性；在对比较对象没有充分了解的情况下，就对一些地区或国家的历史进行比较。为此“工业设计中国之路”丛书的各个分册将分行业再做详细介绍，目的是使比较者能够抓住最本质的、最有代表性的问题，而不是针对偶然性的问题进行研究。为了使比较活动更具有方法论特征，我们还可以采用以下方法。

（1）实证论分析——对现象或表面的形式的比较，然后抽象概括。（2）语义学方法——研究不同符号与其对象的关系问题。（3）历史方法——从一个外来文化系统中引入新思想，对于本位传统文化的发展加以研究。（4）心理学方法——用心理学去研究和解释，把差异归结为心理因素的不同。（5）社会学方法——从社会状况与民族的角度出发，研究思想赖以产生的背景和前提。（6）历史唯物主义的方法——社会存在决定社会意识，社会意识及其形态都要由经济基础所决定，并随着经济基础的改变而变更。

比较的方法不局限于上述方法，但这些“交叉比较”的研究方法完全适用于当代工业设计的研究，并可消除仅凭经验、体会、试错来进行比较的简单方法，可以取得更有学术价值和应用价值的成果。

第二节　本土历史语境下“再设计”的可能

所谓“再设计”是对已经熟知的产品“陌生化”，通过更换思考方式再进行创新，并使其产生新的使用价值和感性价值。如果说通过国际工业设计史和中国工业设计史的“比较”所催生的“诠释”行为前期表现在思想意识变化的话，那么“诠释”行为的后期则是付诸实践的“再设计”。这就要求当代设计师面对中国工业设计的历史成果，不再只作为一个冷静的旁观者或浅薄的批评者，被动地应对着中国工业设计的历史成果。当然，如果以极端的民族主义思想为主导，一味地赞赏中国工业设计，那就会背上沉重的历史包袱。

作为一个有作为的中国设计师，应以自身心中的目标为出发点，从“旁观者”的立场转变为中国工业设计成果“诠释者”的立场，所谓的“诠释者”不能仅停留在思想意识方面，更重要的是做一个付诸行动的“诠释者”，以自身的新设计来承载历史，努力将历史资源转化为产业发展的资源。

德国哲学家海德格尔举例说，他手边有一把锤子等待使用，只有用于砸向某物体的时候，锤子对他来说才真正体现出了意义。中国工业设计的历史成果好比是一把“锤子”，当它被用于创造新设计的时候才能真正体现出意义。

海德格尔进而又指出：历史的发展并不是“过去—现在—将来”的线性模式，而是立足未来、审视现在、反思过去的互动模式。也就是说，过去、现在、未来是不可分割的。审视现在是一切富有生命力的哲学的共同价值意识，而立足未来则是这种文化得以发展的生产性范式。

中国工业设计研究最重要的维度是时间，我们通常只认为历史上的各种事实是客观存在的，但毕竟涉及众多具体事件的描述。正如我们在阅读各种中国工业设计史的时候，会看到一连串具有确定时间界定的事件构成了一个序列，前后事件形成了因果关系，但由胡塞尔发展至海德格尔的学说把传统的线性时间观抛弃了，后者认为：传统的线性历史只是一种“事件”史，在过去、现在、将来三个相位中“将来”最重要。海德格尔认为历史是一种生存现象，历史的传承与发展便成了人向自身的回归与超越，将时间与人的生存、价值维度、意义联系起来，时间轴不仅仅是一种物理量度，也是事物的客观属性。摆脱线性历史模式，能使我们更多地从人类学、符号学、文学、艺术方面不断演化人对中国工业设计的理解，跨学科的研究能使当代工业设计具有更加丰富的文化内涵，并且让过去与现在互补。

南京艺术学院何晓佑教授在《论互补设计方法》一文中曾表述了传统视角与未来视角的互补性。所谓传统视角就是尊重每一地域、社会的传统历史、独特的生活形态及文化形态，虽然传统的东西是旧的，但反映出来的深层概念不一定是过时的。继承传统不是表面的，学习过去应该是指对设计的观念、材料和工艺的准确把握，甚至是对一种特有的气味的尊重，对一种劳动的尊重，对一种价值的肯定。所谓未来视角就是根据过去的经验，衡量当前的走向，放眼时代潮流的趋势而对未来进行思索与探测。设计总是在面向未来的创造中不断前进的，富有历史使命感的设计师们不断地探索未来的设计方向，不断地提出革命化的设计思想，不断地构思着未来的实施方案，正是由于他们的努力，我们生活的空间才不断地走向完美。[1]

何晓佑指出：互补的目的是使相互排斥的或对立的概念互相融合，它的手段是要求各种逻辑方法、诸多思想方法融合，从而形成多种方法的集合，以致尽快达到科学创造的目的。

[1] 何晓佑：《论互补设计方法》，南京艺术学院学报：美术与设计版，2011 年。

第三节　未来中国工业设计研究范式的转换

美国科学哲学家托马斯·库恩曾提出科学革命理论，其核心概念是范式（paradigm）及其转换（shift）。所谓范式是指科学共同体成员共同遵循的理论体系及其蕴含的世界观和方法论，它对科学共同体成员提出问题的范畴、表述问题的方法、解决问题的途径，都起着一种规范作用。而范式转换是一种世界观的转变，是由于意识到反常的事件，寻找新范式解释的结果。

库恩提出的科学发展历史的模式值得我们关注，即前科学时期—常规科学时期—科学危机时期—科学革命时期。这个模式告诉我们，前科学时期是一个没有系统理论、众说纷纭的时期，当一门科学有了系统理论后即转为常规科学时期，当出现反常状态时便进入科学危机时期，反常频率越高，越要努力寻找新范式去替代旧范式，于是科学革命便出现了。范式转换是一种世界观的整体转换。在新范式下看到的世界完全不同于旧范式下看到的世界。

以库恩科学革命理论来考察中国工业设计历程可以发现，特别是20世纪80年代中期，中国工业设计理论和知识发展较快。当时对工业设计的看法不一，有人提出以工艺美术代替工业设计，或以艺术设计替代工业设计，各种理论争鸣不休，这段时间可以被认作“工业设计新范式”涌现的时期，无论是批判旧理念还是倡导工业设计新精神，均可视作是“工业设计危机时期”。历经20世纪90年代初的实践与思辨，工业设计形成了较统一的范式。同时我们全面引进欧美人机工学、界面设计等分支科学及技术作为支撑和扩展工业设计的知识。这一阶段侧重以自然科学解决工业设计问题，而基本忽略人文科学的作用。前者排斥个性，追求共同，而后者却具有强调个性的作用，因而在工业设计成果方面客观上接受了欧美人的价值观。

随着中国市场的成熟和消费态度的改变，中国人已不满足于仅有良好人机界面的产品，而追求具有文化意味的设计。工业设计在综合科学、技术以外还需要结合人文和社会要素，国内工业设计的研究必定酝酿着一场革命。上海交通大学传媒与艺术设计学院傅炯尝试进行了“中国人眼中的高级感”等课题研究，试图以“新天下主义”的设计态度来消解“天下主义”的价值观，取得了很好的效果。

华东师范大学中国现代思想文化研究所常务副所长许纪霖教授提倡一种包容的、扩展版的“新天下主义”，那就是对普世文明的一种追求，这个普世的文明不是以西方为代表的。

作为“新天下主义”的现代中国文明，其普遍定义之“好”应该中西兼容，跨越古今，一方面从“我们的”历史文化传统与现实经验的特殊性中提炼出具有现代意义的普遍性之“好”，另一方面又要将全球文明中的普世之“好”转化为适合中国土壤生长的特殊性之“我们”要吸纳外来的“好的”文明，也需要转换成“我们的”文明，而在“我们的”文明空间里，文明并非一片空白，再好的外来文明，也必须与已有的文明对话、交流和融合，实现本体化，融化为“我们”，成为中国文明的一部分。

为了促进中国工业设计研究范式的转换，我们还必须在以下各方面做出努力。

一、关注产业文化，确立研究主体价值

虽然在表述中国工业设计发展历史的时候涉及很多科学技术应用问题、产业政策问题、产业制度问题、管理方法问题等，但不可否认的是，铸就这一段历史的却是中国的一种精神文化气质，这种精神文化气质伴随着中国工业化的进程而来。虽然在中国工业化开始之前也有“设计”，在中国上下五千年的工艺美术方面也有丰富的造物成就，也有值得今天的中国工业设计借鉴、学习的内容，而且设计这一活动一直可以溯源至猿人打造石器，也可以涵盖中国农业社会各种生产器具、生活器具或手工艺品的创造，但完全不同于伴随着科学技术应用、产业政策导向、产业制度保障、管理措施落实而进行的设计。就工业设计的特征而言，它是在与上述各个

要素的匹配中，同时在工业社会价值观影响下追求合理性的一种活动。前者可以由工艺美术史论或部分艺术设计史研究来完成，这类研究在学界比较成熟，成果丰硕；后者的研究不能采用前者的范式，需要进行范式的转化，同时要确定这一类设计活动的价值是中国工业设计历史研究的主体对象。

二、立足整体历史，深化专题研究成果

“文化只存在于整体之中。”这是荷兰历史学家约翰·赫伊津哈提出的重要论见。[1] 根据这个思想，中国工业设计历史的研究至少要关注以下两个方面。首先，应当对工业设计在中国不同历史时期，在各个领域或行业所发挥的作用进行认真的考察，对其发挥作用的着力点进行精确的分析，因为作为一种整体的工业设计历史，离开了具体的领域或行业是无法存在的。也就是说研究者与其海阔天空地谈论文化，或靠有限的文献资料做概念演绎推理，不如转向“田野调查”，分门别类地做一些专门性的课题研究来得更有意义些。其次，我们还必须厘清组成中国工业设计整体历史各个部分之间的关系，其中包括与国际工业设计历史的关联，各领域或行业之间的影响，各地区之间的差异和互补等问题。“现代科学在许多领域里都表明，整体不是它的所有部分的总和，而是一种由部分之间独特的组合和相互联系而产生的新实体。”[1] 如果认为“历史本身就是一种文化现象”，那么“我们的文化，在很大程度上总是同历史学协调一致”。[2] 历史是一种形式，文化也是一种形式，借助历史这种形式，才能阐明文化。

[1] 鲁思·本尼迪克特著，张燕等译：《文化模式》，浙江人民出版社，1987 年。
[2] 张广智、张广勇：《史学：文化中的文化——西方史学文化的历程》，上海社会科学院出版社，2013 年。

三、弘扬创新精神，提升设计自决能力

英国历史学家汤因比是文化形态学的代表人物，其一生著作颇丰，最重要的乃是1934—1961年出版的巨著《历史研究》。汤因比的历史研究与一般的历史学家对历史的研究有所不同，他不是描绘历史上出现的重大事件，也没有把民族或国家作为历史研究的基本单位，而是把文明作为历史运行的基本单位。他在书中说："历史研究可以自行说明问题的单位既不是一个民族国家，也不是另一极端上的人类全体，而是我们称之为社会的某一群人类。"从汤因比对文明的阐述来看，文明就是指在特定的时空中由某一群人组成的社会，它由政治、经济、文化构成，其中文化是文明的核心。他说："文明乃是整体，他们的局部彼此相依为命，他们的社会生活的一切方面和一切活动都彼此调和成为一个社会整体，在这个整体里，经济的、政治的和文化的因素都保持着一种非常美好的'平衡关系'。"他对文明的起源、生长、衰落与解体做了十分详细的阐述。文明如何起源的问题是汤因比十分重视的一个问题，通过对21个文明详细而认真的考察，汤因比认为文明起源于挑战与应战的交互作用。他说："借助于神话的光亮，我们已经略为窥到了挑战和应战性质。我们已经了解到创造是一种遭遇的结果，而起源是交互作用的产物。"[1]

以文化形态学的观点来思考中国工业设计可以发现以下几个问题。其一，世界上工业设计发达国家的历史理应作为我们的研究文本，但绝不是唯一文本，而中国工业设计历史则是不可或缺的文本，并且两者之间存在着充分的接触和联系，因此我们的研究仅关注于其中的任何一个局部都有失偏颇。如果只关注于这些文本中某一个产品的介绍、某一个设计师的介绍或者某一类设计政策的介绍则更是忽略了政治、经济、文化的整体作用，尤其是忽略了文化的作用，所以工业设计研究的一元化结构必须修正。其二，在当代，中国工业设计应该有信心接受挑战，不满足于已经取得的成绩，而是弘扬创新精神，从而达到改变自我、探索出一条自身发展之路的目的。"我们要在具备全球意识和人类文明胸怀的大前提下吸收异质文明的良性

[1] 汤因比：《历史研究》（上卷），上海人民出版社，1997年。

基因，建立有民族优良‘道器’文脉的‘有机设计’体系。”[1]其关键是增加“设计的自决能力”，以期通过中国工业设计的进一步振兴，推动中国经济、社会的进一步发展。其三，中国工业设计的理论研究要为其实践提供强大的支持，以其先导性为当代如火如荼的中国工业设计实践提供思想武器。理论研究者必须在自己心中建立自己的“视域”（perspective）。所谓的“视域”是具有独特性的、具有说服力的观点，这是判断某个研究者是否成熟的基本标志。一如哲学领域黑格尔的“视域”是“对立统一”（包括“否定之否定”）。任何事物都存在于矛盾和冲突之中，这个矛盾和冲突又可以获得转换。通过提升哲学思辨能力，倡导设计批评精神，我们期待中国工业设计研究“哥白尼式革命”的到来。

[1] 翟墨：《登高海自平——当代艺术手记》，中国人民大学出版社，2005年。

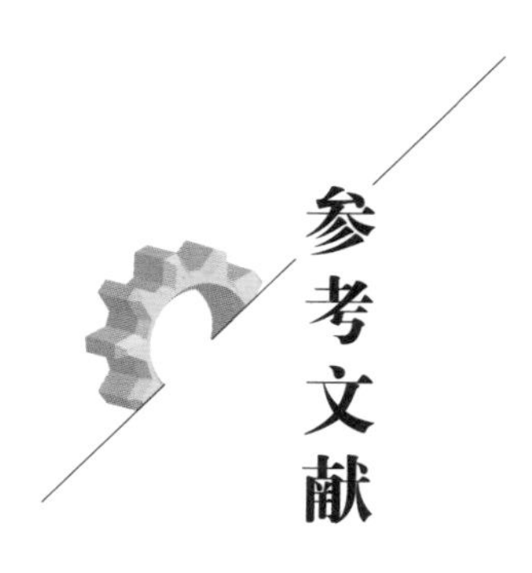

参考文献

[1] 陈瑞林 . 中国现代艺术设计史 [M]. 长沙：湖南科学技术出版社 , 2002.
[2] 伍德姆 . 20 世纪的设计 [M]. 周博，沈莹，译 . 上海：上海人民出版社 , 2012.
[3] 黄建平 , 邹其昌 . 设计学研究（2012）[M]. 北京：人民出版社 , 2012.
[4] 李砚祖，王明旨，徐恒醇 . 设计美学 [M]. 北京：清华大学出版社 , 2006.
[5] 董占军 . 外国设计艺术文献选编 [M]. 济南：山东教育出版社 , 2002.
[6] 张柏春，李成智 . 技术史研究十二讲 [M]. 北京：北京理工大学出版社，2006.
[7] 张正明 . 年鉴学派史学范式研究 [M]. 哈尔滨：黑龙江大学出版社 , 2011.
[8] 巴勒克拉夫 . 当代史导论 [M]. 张广勇，张宇宏，译 . 上海：上海社会科学院出版社 , 2011.
[9] 刘克祥 . 中国近代经济史（1927—1937）[M]. 北京：人民出版社 , 2012.
[10] 赵晓雷 . 中国工业化思想及发展战略研究 [M]. 上海：上海财经大学出版社 , 2010.
[11] 张广智 , 张广勇 . 史学：文化中的文化——西方史学文化的历程 [M]. 上海：上海社会科学院出版社 , 2013.
[12] 张昭军 , 孙燕京 . 中国近代文化史 [M]. 北京：中华书局 , 2012.
[13] 丹尼森 , 广裕仁 . 中国现代主义 : 建筑的视角与变革 [M]. 吴真贞，译 . 北京：电子工业出版社 , 2012.
[14] 邓庆坦 . 中国近、现代建筑历史整合研究论纲 [M]. 北京：中国建筑工业出版社 , 2008.
[15] 彭怒，支文军，戴春 . 现象学与建筑的对话 [M]. 上海：同济大学出版社 , 2009.
[16] 邹晖 . 碎片与比照：比较建筑学的双重话语 [M]. 北京：商务印书馆 , 2012.
[17] 胡颖峰 . 规训权力与规训社会——福柯政治哲学思想研究 [M]. 北京：中央编译出版社 , 2012.

后记

在张广智、张广勇合著的《史学：文化中的文化》一书后记中有这样的一段文字："记得一位名人说过这样的话，决不让玫瑰花和紫罗兰产生同样的颜色和发出同样的芳香。既然在大自然界，花卉草木，虫鱼鸟兽，色香有别，形态各异，那么，为什么一定要让原本丰富多彩的史学呈现出单调与乏味的一种模式呢？"中国工业设计的发生、发展的历史条件和社会环境与西方完全不同，这就决定我们不能照搬其理论和成果；另外，当代中国工业设计理论体系的重构也要求我们对于自身的历史做全面系统的研究。笔者不会一味地抬高中国工业设计历史的价值。当然，研究中国工业设计史很难，正如陈瑞林教授在《中国现代艺术设计史》一书中所表述的那样：历史研究不可能复制历史，还原历史，只能部分真实地描述历史，研究者只能尽量接近真实的历史，却永远无法掌握真实的历史。但是又如新文化运动的主将胡适所言：自古成功在尝试。笔者的导师张福昌教授也说过：想要改变世界，先要从改变自己开始。所以在各位老师和朋友们的鼓励下先尝试着改变自己的思路，在质疑的同时小心地求证，在批评的同时谨慎地建树，当自己懵懂地迈出探索脚步的时候，才发现中国工业设计的历史研究是一个很深的海，"下海"的结果或者是"浪遏飞舟"，或者是沉入海底，但弄潮的乐趣肯定胜过对现有工业设计研究成果正确性的循环论证。自知限于研究水平，本书中尚有不足之处，也存在各种疏漏，所以真诚地希望各位专家、各位同仁、各位读者能够提出批评和指正。

撰写中国工业设计发展史的关键在于掌握大量的资料，特别是要形成“实物、文字、影像”三位一体的资料库，但这还不意味着有价值研究成果的自然诞生。如果仅将这些资料编制成简单的大事记式的编年史，或者是仅将科学、技术、社会发展的历史与各个时期产生的工业产品做简单组合，那么这些资料的作用将变得非常有限。只有以中国百年工业化发展的历史为背景，追踪着中国工业设计的遗产，全面考察各个阶段中国工业设计的思想、实践的成果，挖掘其沉淀的设计文化，发现其中有利于工业设计发展的各种要素，对于中国正在蓬勃发展的工业设计事业才有启迪作用。

我们特别要向中国工业设计发展史上、在各个领域做出不同贡献的先辈们致以崇高的敬意，正是他们的努力探索和丰富实践，才使得中国工业设计有史可叙，有理可论。他们是本书叙述的主体，虽然我们对他们中的多数人都以“口述历史”的方式进行过多次采访，但是，当我们在写作过程中碰到疑问再次向他们请教时，他们仍会热情解答。特别是原中国工业设计协会秘书长叶振华先生帮助我们联系了大量的前辈设计师；长期在上海轻工业系统工作的邵隆图先生、刘维亚先生提供了珍贵的历史资料；上海应用技术大学丁斌老师向我们介绍了丁浩先生的设计活动并提供了详实的资料；同济大学创意设计学院的谭靖漪老师提供了许多原中央工艺美术学院工业设计教育以及设计实践的线索；中国设计红星奖委员会主任陈冬亮先生提供了近年来的优秀设计案例……

写完后记再一次审视全书的时候已是2016年，未来孕育着无限生机，也催促人们播种、耕耘。我们愿与全球工业设计界的学者们一起努力，期盼有更好的收获。

沈榆

2016年5月